弦弧近似与微积分

杨丽曼　李运华　编著

U0244721

北京航空航天大学出版社

内容简介

本书以弦弧近似—极限—微积分为主线，坚持弘扬中华优秀传统数学文化，结合不同时代的应用背景阐述数学概念、数学思想和数学思维的起源与发展，特别是中国古代数学思想和数学成就，及其与社会、经济和工程实践的联系。本书分为6章，内容包括：中国古代数学成就，弦弧近似与极限，欧洲数学的兴起与微积分的形成过程，微积分解决实际问题的思想和方法，计算数学中的插值、逼近与迭代，数学思维方法与应用。

本书可作为高等院校自动化、机械工程、电气工程、机器人、人工智能等专业的通识类课程教材，也可供工程技术、管理和金融经济专业的学生及从事相关专业的技术人员学习参考。

图书在版编目（CIP）数据

弦弧近似与微积分 / 杨丽曼，李运华编著. -- 北京：
北京航空航天大学出版社，2025. 3. -- ISBN 978 - 7
- 5124 - 4303 - 7

Ⅰ. O172

中国国家版本馆 CIP 数据核字第 2025Z7J177 号

弦弧近似与微积分

杨丽曼　李运华　编著

策划编辑　张冀青　　责任编辑　张冀青

*

北京航空航天大学出版社出版发行

北京市海淀区学院路 37 号（邮编 100191）　http://www.buaapress.com.cn
发行部电话：(010)82317024　传真：(010)82328026
读者信箱：wenanbook@163.net　邮购电话：(010)82316936
北京富资园科技发展有限公司印装　各地书店经销

*

开本：710×1 000　1/16　印张：10　字数：190 千字
2025 年 3 月第 1 版　2025 年 3 月第 1 次印刷
ISBN 978 - 7 - 5124 - 4303 - 7　定价：56.00 元

前　　言

《弦弧近似与微积分》是一本专为理工科各专业本科生编写的数学通识课教材。这本书以弦弧近似—极限—微积分为主线，结合不同时代的数学成就(特别是中国古代数学成就与圆周率计算)的应用背景，系统介绍了数学概念、数学思想和数学思维的起源与发展，探讨了数学与社会、经济和工程实践之间的联系，旨在为读者提供一个独特的视角以理解数学的发展脉络和培养科学的思维方法。这对于深刻认识中国古代数学方法的特点、运用数学思维解决工程问题，以及全面了解中国古代数学对中华文明乃至整个人类文明发展的贡献，都具有重要的意义。

本书包含6章。第1章梳理了中国古代数学的辉煌成就，并分析了微积分没有在中国出现的原因。第2章从"弦弧近似"入手，介绍了由"分割取近似、求和取极限"发展形成的中国古代微积分思想和方法，重点阐述了刘徽的"割圆术"和祖冲之的"缀术"中的精妙算法。第3章介绍了欧洲数学的兴起、微积分的形成过程，特别是牛顿和莱布尼茨微积分方法的区别，使读者初步了解社会需求和技术进步对数学发展的促进作用。第4章介绍了用微积分思想解决实际问题的方法和18世纪数学家泰勒、欧拉、拉格朗日等对微积分的贡献，以及如何利用微积分来计算圆周率。第5章讨论了计算数学中的近似算法，计算数学是随着微积分和数字计算机的紧密结合而发展起来的应用数学分支，本章结合数值仿真算例，重点介绍了插值、逼近、迭代三种常用数学方法的特点及其相关数值计算方法，并探讨了它们在结构分析、模型辨识和图像处理等方面的应用。第6章介绍了数学思维与合情推理，通过分析和提炼日常生活和工程中的数学问题，帮助读者初步掌握一般推理方法与步骤，从而提高分析问题和解决问题的能力。

本书的第1、2、6章由李运华编写，第3、4、5章由杨丽曼编写。书中涉及的历史与人物信息多数来源于出版的书籍和论文，以参考文献附于每章之后，也许仍有不尽准确之处，请读者雅涵。

数学是探索世界及宇宙本质、关键且具有穿透力的工具和方法论。

数学方法的应用是科学和前科学的分水岭。正如马克思所说:"一门科学,只有当它成功地运用数学时,才能达到真正完善的地步。"因此,数学在人类文明进程中具有重要的推动作用。对于理工科的本科生和研究生而言,数学发展史和数学思维方法是构建其知识体系和拓宽视野的基石。因此,本书可作为高等院校自动化、机械工程、电气工程、机器人、人工智能等专业的通识类课程教材,也可供工程技术、管理和金融经济专业的学生及从事相关专业的技术人员学习参考。

与国内外的数学通识类教材相比,本书没有过多地介绍数学发展史,而是选择了以极限思想与微积分的发展脉络为主线,以问题为导向进行方法阐述和教学设计;并从多个角度拓展数学知识和辩证思维模式,与工程实践相结合,强调理性的思维、严密的思考和清晰准确的表达。

希望本书中的案例分析与每章后的习题能帮助读者通过思考与练习,拓展相关知识与推理能力,从而提升数学素养和采用数学思维解决问题的能力。

编　者
2024 年 11 月

目　　录

第1章 中国古代数学成就

中国是世界上数学发展较早的国家,也是古代史上数学成就最多的国家之一,在世界科技史上占有重要地位。中国数学起源于商、周时期,历经了两汉、魏晋南北朝以及宋元三次兴盛期。隋唐时期,中国创立了"算学"制度,并颁布了统一的教材——《算经十书》,以培养专门的数学人才。直至 14 世纪的元朝,中国数学始终居于世界领先地位,并取得了令人瞩目的成就。中国古代数学追求形数统一,并注重问题导向,其突出成就包括圆周率的精确计算、面积与体积的计算方法以及开方和代数方程的求解技巧。

1.1 前秦时期的数学

作为四大文明古国之一,中国在古代数学领域的探索拥有悠久的历史,并取得了显著的成就。在殷墟出土的甲骨文中有一些是记录数字的文字,包括从一至十,以及百、千、万,最大的数字为三万,说明当时已有完整的十进制。西汉史学家司马迁在《史记·夏本纪》(公元前 1 世纪)里记载:"(夏禹治水)左规矩,右准绳。"其中,"规"和"矩"分别指圆规和直角尺,"准绳"则是用来确定垂线的工具,这应被视为几何学的早期应用。公元前 11 世纪西周初大夫商高发现了"勾三股四弦五"(勾股定理的特例);成书于商末周初的《易经》中出现了组合数学与二进制思想;湖南里耶镇的秦简中,发现了距今约 2 200 年的"九九乘法表",与今天的乘法口诀十分相似。

算筹计数在春秋时期已很普遍。如图 1-1 所示,这种计数法分为纵、横两种形式,分别表示奇数位数和偶数位数,例如,在表示多位数时,个位用纵式,十位用横式,百位用纵式,千位用横式,以此类推,遇零则置空。毫无疑问,这种算筹计数法与现代通行的十进位制计数法是完全一致的。在算筹中,对数和运算的

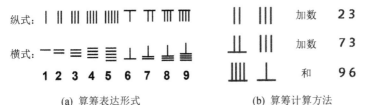

(a) 算筹表达形式　　　　　　　　　(b) 算筹计算方法

图 1-1 算筹表示形式及计算方法

表示具有简单、直观和形数统一的特点,然而,它亦存在无法有效保留运算过程等缺点。

　　《算数书》是已知最早的中国数学著作,图1-2所示是其原稿。该书于1984年被考古学家在西汉早期出土的竹简中发现,全书约有200支竹简,据推算,其成书时间可追溯至西汉初期,甚至可能更早至秦代。该书采用"问题集"的编排形式,其中大多数问题均由"问、答、术"三个部分构成。尽管竹简上的汉字不如古埃及的泥板书持久耐用,但正如英国科学史学家李约瑟所言,"由于中国人勤于记录,仍有相当多的资料得以流传至今"。

图1-2　《算数书》原稿

　　与热衷探讨哲学和数学理论的古希腊雅典学派一样,先秦时期的"诸子百家"也偏爱从数和形的角度来反映和刻画现实世界中的无限性。《尸子》中有对"宇宙"的阐述:"四方上下曰宇,往古来今曰宙",说明"宇"是包括东西、南北、上下的三维空间;"宙"是包括过去、现在和将来的一维时间。宇宙是空间和时间的统一。又如《墨经》也指出:"宇,弥异所也""久(宙),弥异时也"。由此可见,墨翟与尸佼均认为宇宙是无边界、无起始、无终结的。这些观点中已经包含了关于空间与时间无限性的思想。《墨经》探讨了形式逻辑的某些法则,并在此基础上提出一系列数学概念的抽象定义,甚至涉及"无穷"的概念。而以善辩著称的名家,对"无穷"概念则有着更深入的理解。《庄子·天下篇》记载了名家代表人物惠施的命题"至大无外,谓之大一;至小无内,谓之小一",这里"大一"和"小一"已经具有现代无穷大和无穷小思想的萌芽。

　　在《易传·系辞上传》中记载:"易有太极,是生两仪,两仪生四象,四象生八卦。"两仪之说又称为二分说,主要是指阴阳、男女、天地、刚柔等可以二分的一切事物,这些二分的事物不是一成不变的,而是随道而变的,需要人们随时根据变化去做动态的重新认知。隋唐时期的孔颖达在其著作《周易正义》中说:"太极谓天地未分之前,元气混而为一,即是太初、太一也。"这些话阐明了宇宙从无极到太极,以至万物化生的过程,其中蕴含了朴素的极限理论。

1.2　两汉到魏晋南北朝时期的数学

西汉时期，是中国迈向第一个数学高峰的上升阶段。一般认为，中国最重要的古典数学著作《九章算术》就是在西汉时期约公元前 1 世纪成书的，而更为古老的数学著作《周髀算经》的成书时间应该在此之前。《周髀算经》是《算经十书》之一，李约瑟在其著作《中国科学技术史》里感叹："书中有一部分结果是如此古老，不由得让我们相信它们的年代可以追溯到战国时期。"此外，它还是中国最古老的关于"盖天说"的天文学著作，除了我们所熟知的勾股定理，书中还有分数的应用、乘法的讨论以及寻找公分母的方法，这表明平方根在当时已有应用。值得一提的是，该书对话中提到了治水的大禹，伏羲和女娲手中的规和矩，这说明当时已有测量术和应用数学。此外，书中还有关于几何学产生于计量的零星观点。李约瑟认为，中国人从远古时代起就具有算术和商业头脑，但那时的学者似乎对于那种与具体数字无关、仅从某种假设出发得以证明的定理和命题所组成的抽象几何学不太感兴趣。

三国时期吴国人赵爽（约公元 182—250 年）对数学定理和公式进行证明，他是中国历史上最早的数学家之一，其学术成就体现于对《周髀算经》的阐释。现传本《周髀算经》编纂于西汉末年，即赵爽加注本，人们最感兴趣的是书中描述的两项数学成就——勾股定理和陈子测日法。

勾股定理是以记载西周初年（公元前 11 世纪）政治家周公与大夫商高讨论勾股测量的对话形式出现的。商高在答周公问时提到"勾广三，股修四，径隅五"，这是勾股定理的特例，因此它又被称为商高定理。书中还记载了周公后人荣方和陈子（公元前六七世纪）的一段对话，包含了勾股定理的一般形式："若求邪至日者，以日下为勾，日高为股，勾股各自乘，并而开方除之，得邪至日。"其中，"勾"和"股"分别指直角三角形中较短和较长的直角边，不难看出，这是从天文测量中总结出来的规律。

陈子测日法是《周髀算经》中另一个重要的数学结论，也称日高公式，即测量太阳的高和远。它在早期天文学和历法编制中被广泛使用。陈子测日法的原理如图 1-3 所示，日高 $H = h + \dfrac{hs}{b-a}$，其中 h 为表高，s 为表距，$b-a$ 为影差。

在《周髀算经》中，只给出了日高公式。赵爽为《周髀算经》作注时，画了一幅"日高图"并附有图说，实际是对日高公式的证明。赵爽原图已佚失，根据残存的原始信息，利用《九章算术》中经常出现的"出入相补"原理，以及当时的认知水平，数学家吴文俊先生复原了赵爽的"日高图"，并推测了证明过程。其日高公式原理图如图 1-4 所示，$\triangle ABI \cong \triangle AJI$，$\triangle ACG \cong \triangle AQG$，而 $\triangle FGI \cong \triangle GRI$。

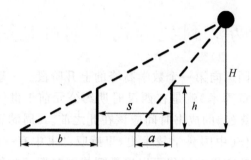

图 1-3　陈子测日法的原理

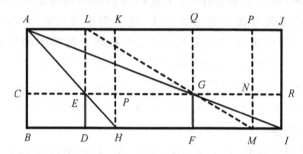

图 1-4　日高公式原理图

根据出入相补原理,应有
$$S_{\triangle AJI}(S_{\triangle AQG}+S_{\triangle GRI}+S_{JRGQ})=S_{\triangle ABI}(S_{\triangle ACG}+S_{\triangle FGI}+S_{GFBC})$$
从而 $S_{JRGQ}=S_{GFBC}$。同理,$S_{KPEL}=S_{EDBC}$。两者相减可得
$$S_{JRGQ}-S_{KPEL}=S_{GFDE}$$
即　　　　　　　　　　　$(FI-DH)\times AC=ED\times DF$
亦即　　　　　　　　影差×(日高-表高)=表高×表距
这样就得到了日高公式。

　　由于日高公式是基于"盖天说"的,将地球假定为平面,因此测量结果与实际情况相差甚远。但对于海岛高、塔高等测量问题,则可以采用日高公式解决。

　　基于出入相补原理,本书作者进一步给出了一个更简洁的证明。如图 1-4 所示,
$$S_{\triangle AHI}=S_{\triangle AGE}+S_{GFDE}+S_{\triangle GFI}-S_{\triangle EDH}$$
即
$$\frac{1}{2}(b-a+s)H=\frac{1}{2}(H-h)s+sh+\frac{1}{2}h(b-a)$$

整理得 $H=h+\dfrac{hs}{b-a}$。三角形面积公式本身就可以用出入相补原理证明,所以这个证明更简单。

出入相补原理是中国古代数学证明采用的最基本原理,在公元前 1 世纪就已经被提出。这个原理可简单描述为:一个图形不论是平面的还是立体的,都可以切割成有限多块,这有限多块经过移动再组合成另一图形,则后一图形的面积或体积保持不变。这个常识性的原理在中国古代算术中经过巧妙运用得出许多至今令人称赞的结果。

勾股定理是历史上第一个把"数"与"形"联系起来的定理,也是第一个把代数与几何联系起来的定理。赵爽在《周髀算经》的注解中,给出了"勾股圆方图注",如图 1-5 所示,并采用出入相补进行证明。如图 1-6 所示,勾 a、股 b、弦 c,将弦 c 的正方形 $ABDE$ 分解为四个三角形 $\triangle ABC$、$\triangle BDH$、$\triangle DEI$、$\triangle EAK$ 和一个以勾股差为边长的正方形 $KCHI$,正方形 $ABDE$ 的面积等于弦 c 的平方,也等于四个小直角三角形的面积与中间小正方形面积之和,即

$$S = c^2 = 4 \times 0.5ab + (b-a)^2 = a^2 + b^2$$

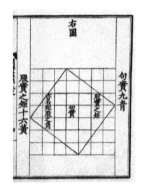

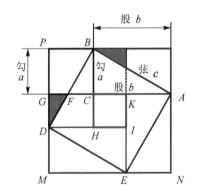

图 1-5　勾股圆方图注　　　　图 1-6　用出入相补原理证明勾股定理

在西方,最早提出并证明勾股定理的是古希腊数学家毕达哥拉斯(Pythagoras,公元前 580—公元前 500 年),他用演绎法证明了直角三角形斜边平方等于两直角边平方之和。如图 1-7 所示,分别以勾、股和弦为边长作三个正方形,由 $\triangle A'AB \cong \triangle CAA''$,可得正方形 $A'ACD$ 的面积等于 $\triangle A'AB$ 面积的二倍,矩形 $AA''C'C'$ 的面积等于 $\triangle CAA''$ 面积的二倍,即正方形 $A'ACD$ 的面积等于矩形 $AA''C'C'$ 的面积,$AC^2 = AA'' \cdot AC'$。同理可得 $BC^2 = BB'' \cdot BC'$。将两者相加,得到

$$AC^2 + BC^2 = AA'' \cdot AC' + BB'' \cdot BC' = AA'' \cdot AB = AB^2$$

勾股定理得证。

---

① 扫描二维码可观看其彩图。

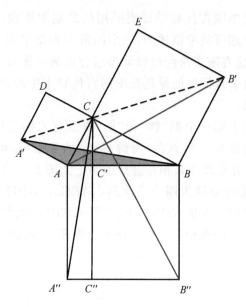

图 1－7　用演绎法证明勾股定理

本书作者也给出一种对勾股定理的证明方法，如图 1－8 所示。已知

$$\triangle EFG \cong \triangle AEM \cong \triangle DMN \cong \triangle HFN$$

所以

$$S_{MNFE} = S_{AEGK} + S_{DNHK}$$

即 $c^2 = a^2 + b^2$。勾股定理得证。

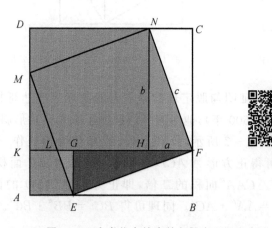

图 1－8　本书作者给出的勾股定理证明方法

证明的思想是，将弦正方形的面积分成四块，其中 $\triangle LGE$ 和四边形 $MNHL$ 分别是勾正方形和股正方形的一部分，$\triangle NHF$ 是股正方形中的 $\triangle MKL$ 和勾正方形中的四边形 $KLEA$ 合并成 $\triangle MAE$ 移入，$\triangle GFE$ 是股正方形中的 $\triangle DMN$ 移入。用出入相补的方式证明。

利用拼图法也可以证明勾股定理,该方法由美国俄亥俄州议员伽菲尔德于 1876 年提出,他在一次傍晚散步时灵光一现。采用两个完全相同的直角三角形拼成图 1-9 所示的形状,其直角边长度分别为 a、b,斜边长度为 c。根据梯形面积的计算公式,可得四边形 $ABCD$ 的面积为 $0.5(a+b)^2$。依据组合面积的计算方法,四边形 $ABCD$ 的面积为 $ab+0.5c^2$。若令两者面积相等,则有 $c^2=a^2+b^2$。勾股定理得证。

除此之外,多数教材采用射影定理来证明勾股定理。射影定理,又称"欧几里得定理":在直角三角形中,斜边上的高是两条直角边在斜边射影的比例中项,每一条直角边又是这条直角边在斜边上的射影和斜边的比例中项。

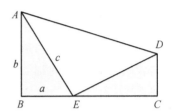

图 1-9　用拼图法证明勾股定理

在西汉时期,负数和无理数已出现在数学典籍《九章算术》中,实数也基本形成。与《周髀算经》不同,《九章算术》是从西周时期贵族子弟必修的六门课程(六艺)之一的"九数"发展而来的,是从先秦至西汉中叶经过众多学者编撰、修改而成的一部数学著作。《九章算术》采用了问题集的形式,把 246 个与生产、生活实践相关的数学问题分成 9 章,依次为:方田、粟米、衰(cuī)分(比例)、少广(开方)、商功(土木工程)、均输、盈不足、方程、勾股。由此可以看出,这部书的重点是计算和应用数学,主要内容涉及分数四则和比例算法、各种面积和体积的计算、勾股测量、解方程等,包括问题、解法和插图,但插图失传。图 1-10 所示是清嘉庆年间《九章算术》的刻印本。

图 1-10　《九章算术》的刻印本

《九章算术》中最有学术价值的算术问题是"盈不足术",即求方程 $f(x) = 0$ 的根。先假设一个答数为 x_1,$f(x_1) = y_1$,再假设另一个答数为 x_2,$f(x_2) = -y_2$,然后求出

$$x = \frac{x_1 y_2 + x_2 y_1}{y_1 + y_2} = \frac{x_2 f(x_1) - x_1 f(x_2)}{f(x_1) - f(x_2)}$$

如果 $f(x)$ 是一次函数,则这个解答是精确的;如果 $f(x)$ 是非线性函数,则这个解答只是一个近似值。在今天看来,"盈不足术"相当于一种线性插值法。

在代数学领域,《九章算术》的记载具有深远的意义。该书"方程"章节中,已记载了线性联立方程组的解法。由于缺乏表示未知数的符号,书中将未知数的系数与常数以垂直排列形式构成矩阵(方程)图表,并通过类似消元法的"直除法",将此"方程"转化为仅在反对角线上有非零元素的形式,进而得出答案。这种方法与现今中学所教授的线性方程组的"消元法"求解原理基本一致。在西方,"消元法"被称为"高斯消元法",而"方程术"则被视为中国数学史上一颗璀璨的明珠。除了方程术,《九章算术》中还有另外两个重要的贡献:其一是正负术,即正负数的加减运算法则;其二是开方术,书中甚至有"若开之不尽者,为不可开"的表述。前者证明了中国古人很早就开始使用负数,相比之下,印度人直到 7 世纪才出现相关概念,而西方对负数的认识则更晚。至于开方术,则表明中国古人已经知道无理数的存在,但由于它是在方程术中偶然遇到的,因此并未得到深入研究。《九章算术》的出现标志着以算筹为基础的中国古代数学的正式形成,它之于中国及东方数学的重要性,大体等同于《几何原本》之于希腊及欧洲数学的重要性。

继东汉之后,中国社会步入了历史上极为动荡的魏晋南北朝时期。在经历了长期的儒学独尊之后,学术界再度兴起思辨之风,魏晋时期的名士们崇尚自然、率性而为,以隐逸生活和清谈为乐。在这样的社会与人文背景下,中国的数学研究亦迎来了论证的高潮,众多学术著作以注解《周髀算经》或《九章算术》的方式涌现。前文提及的赵爽就是这一领域的先驱之一,而刘徽的成就则更为显著。刘徽的著作《九章算术注》不仅对《九章算术》中的方法、公式和定理进行了阐释和推导,还系统地论述了中国传统数学的理论体系与基本原理。

刘徽主张"析理以辞,解体用图",他既强调了逻辑演绎的重要性,又重视几何直观的应用,致力于实现"数"与"形"的辩证统一。他运用几何图形的分割与重新组合(出入相补法)等手段,验证了《九章算术》中诸多图形计算公式的正确性,这与赵爽证明勾股定理一样,为中国古代数学命题的逻辑证明树立了典范。书中记载,刘徽曾依据"出入相补、以盈补虚"的原理作了青朱出入图。后人根据文字描述"勾自乘为朱方,股自乘为青方,令出入相补,各从其类,因就其余不动也,合成弦方之幂。开方除之,即弦也"复原了此图,如图 1-11 所示。

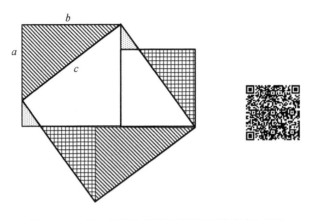

图 1 - 11　后人根据文字描述复原的"青朱出入图"

刘徽在《九章算术注》第一章"方田"中提出的割圆术,是其最具价值的贡献。该方法用于精确计算圆的周长、面积以及圆周率,其要旨是利用"圆内接正多边形的面积"无限逼近"圆面积"(即极限的思想)。如图 1 - 12 所示,刘徽通过割圆术计算出圆周率的近似值为 3 927/1 250(即 3.141 6)。在研究多面体体积时,刘徽采用了类极限的方法证明了"阳马术",并设计了"牟合方盖"的几何模型,如图 1 - 13 所示,在一个立方体内作两个垂直的内切圆柱,所交部分刚好把立方体的内切球包含在内,并与球体相切,他称之为"牟合方盖"。他指出"牟合方盖"与球体积之比正好等于正方形与其内切圆的面积之比,即球体积是牟合方盖体积的 $\frac{\pi}{4}$ 倍。遗憾的是,他没有总结出一般形式,以致无法计算出牟合方盖的体积,也就难以得到球体积的计算公式。不过,他所用的方法为两个世纪以后祖冲之父子取得最终成功铺平了道路。此外,《九章算术注》的第十章是刘徽撰写的一

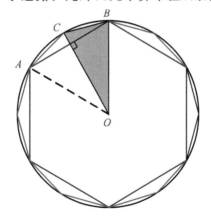

图 1 - 12　《九章算术注》中"割圆术"的原理图

篇论文,后来独立刊行,即《海岛算经》。《海岛算经》对古代天文学中的"重差术"进行了发展,成为测量学领域的重要典籍。

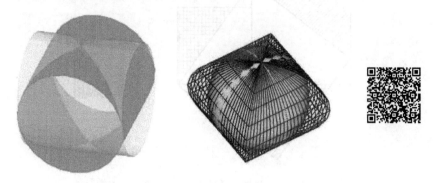

图 1-13　牟合方盖的示意图

　　祖冲之是南北朝时期杰出的数学家,他在圆周率的计算方面取得了举世瞩目的成就。他不仅提高了圆周率的计算精度,还提出了约率(22/7)和密率(355/113),并利用缀术精确界定了圆周率的范围为 3.141 592 6<π<3.141 592 7。祖冲之的这一结果精确到小数点后第 7 位,直到 1 000 多年后才由 15 世纪的阿拉伯数学家阿尔·卡西以 17 位有效数字打破此纪录。

　　此外,祖冲之与儿子祖暅一起圆满解决了球体积的计算问题,提出了著名的"祖暅定理",又称等幂等积定理,即两个立体等高处的截面积相等,则二立体的体积相等("幂势既同则积不容异"),如图 1-14 所示。该原理最早由刘徽提出,直至南北朝时被祖暅完善,并由此求出了牟合方盖的体积,进而算出球体积。在欧洲,直到 17 世纪意大利数学家卡瓦列利(Bonaventura Francesco Cavalieri,1598—1647 年)发现了相同定理,西方文献里一般称该原理为卡瓦列里原理。

　　下面简单介绍如何根据祖暅原理计算球的体积。如图 1-14 所示,设球的半径为 R,截面的半径为 r,平面 α 与截面的距离为 l。

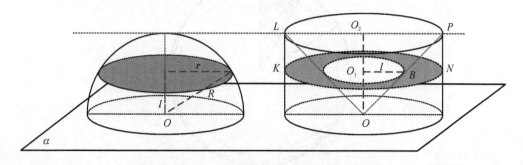

图 1-14　祖暅原理证明球体积公式

根据勾股定理 $r = \sqrt{R^2 - l^2}$，可得

$$S_\text{圆} = \pi r^2 = \pi R^2 - \pi l^2$$

而

$$S_\text{圆环} = \pi R^2 - \pi l^2$$

所以 $S_\text{圆} = S_\text{圆环}$。根据祖暅原理，这两个几何体的体积是相等的，即 1/2 的球体积等于圆柱体积减去圆锥体积：

$$\frac{1}{2} V_\text{球} = \pi R^2 \cdot R - \frac{1}{3} \pi R^2 \cdot R = \frac{2}{3} \pi R^3$$

故有

$$V_\text{球} = \frac{4}{3} \pi R^3$$

正如中国当代数学史家李文林所指出的，"刘徽和祖冲之父子的工作中蕴含的思想是很深刻的，它们反映了魏晋南北朝时期中国古典数学研究中出现的论证倾向，以及这种倾向所达到的高度"。然而，令人困惑的是，这种倾向随着这一时期的结束，可以说是戛然而止。祖冲之的《缀术》在隋唐时期曾与《九章算术》并列为官方教科书，国子监的算学馆也规定其为必读书之一，修业的时间长达 4 年，并传播至朝鲜和日本。遗憾的是，在公元 10 世纪以后，该书完全失传。

1.3　隋唐与宋元时期的数学

唐朝是中国封建社会最繁荣的时代，虽然在数学上并没有产生与魏晋南北朝或之后的宋元相媲美的大师，但在数学教育制度的确立和数学典籍的编纂方面取得了显著成就。唐代沿袭了北朝与隋朝所创设的"算学"制度，设立了"算术博士"这一官职。还在科举考试中增设了数学科目，并对《算经十书》进行了整理与出版。这些典籍包括《周髀算经》《九章算术》《海岛算经》《缀术》《孙子算经》《张丘建算经》《五经算术》《五曹算经》《夏侯阳算经》《缉古算经》。公元 907 年，因动荡与战乱很多数学典籍在战火中散失。

公元 960 年，宋朝建立，实现了中国的重新统一，文化、经济和技术领域迅速发展，达到了一个新的高峰。商业的兴盛、手工业的繁荣以及由此引发的技术进步（包括指南针、火药和印刷术在内的四大发明中的三项，均在宋代完成并被广泛应用）为数学的发展注入了新的活力。在宋元时期，涌现了一批中国古代历史上最杰出的数学家，其中包括北宋时期的沈括和贾宪，以及被称为"宋元数学四大家"的杨辉、秦九韶、李冶和朱世杰。

沈括①是北宋时期的政治家及科学家,一生致力于科学研究,在众多学科领域都有很深的造诣和卓越的成就,被誉为"中国整部科学史中最卓越的人物"。其代表作《梦溪笔谈》内容丰富,几乎囊括了当时所有已知的自然科学和社会科学知识,是一部集前代科学之大成的著作,在世界文化史上占据重要地位,被称为"中国科学史上的里程碑"。他所创立的"隙积术""会圆术""棋局都数术"等数学方法,都展现了当时对高阶等差级数求和理论的深入研究。

贾宪是北宋时期的天文学家和数学家,他创造了贾宪三角②(见图1-15),其发现比法国数学家帕斯卡尔早了600多年。贾宪还运用此三角形于开方根的计算,被称为"增乘开方法"。

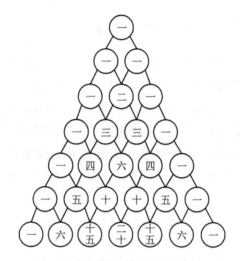

注:二次式系数表即$(x+a)^n$($0 \leqslant n \leqslant 6$)展开式各项的系数。

图1-15 贾宪三角

杨辉是南宋时期的数学家,他独立完成了五部数学著作,主要对高次方程求解、正四棱台体积计算和幻方进行了研究。在其著作中,杨辉举例说明了如何应用贾宪的增乘开方法来求解四次方程,并利用"垛积法"导出了计算正四棱台体积的公式。此外,他还利用等差级数的求和公式巧妙地构造出了三阶和四阶幻方③(Magic Square)。与杨辉同时代的秦九韶亦写出了传世之作《数书九章》,其中最重要的两项成果是"正负开方术"和"大衍术"。

正负开方术,亦称"秦九韶算法",用于求解一般高次代数方程,其用加乘实

① 沈括(1031—1095年),曾参与王安石变法,并在出使辽国后担任翰林学士,政绩卓著。
② 即二次式系数表,亦称杨辉三角,因被杨辉摘录进其著作《详解九章算法》而得名。
③ 《易经》中提到的"河图"与"洛书",被认为是幻方的早期形式,相传由大禹在公元前2200年左右在黄河岸边的龙马和洛水中的神龟背上所见。

现多项式的乘幂和加法运算,将原本需要进行的 $n(n+1)/2$ 次乘法操作缩减至仅需 n 次乘法与 n 次加法。现代计算机在求解多项式运算时也是采用此原理。其计算过程如下:

$$P_n(x) = x^n + a_{n-1}x^{n-1} + \cdots + a_1 x + a_0$$
$$= x^{n-2}\left[x(x+a_{n-1}) + a_{n-2}\right] + \cdots + a_1 x + a_0$$
$$= \cdots$$
$$= xP_{n-1}(x) + a_0$$
$$P_1(x) = x + a_{n-1},$$
$$P_2(x) = xP_1(x) + a_{n-2}, \cdots$$
$$P_k(x) = xP_{k-1}(x) + a_{n-k}, \cdots$$

该算法本质上是将复杂的幂和运算转化为加乘运算,从而降低了乘法运算的次数,属于出入相补原理的拓广应用。即便在计算机技术高度发达的当下,秦九韶算法依然具有重要的意义。

金代数学家李冶在其著作《测圆海镜》中详尽阐述了求解高次方程的通用算法——天元术。天元术是一种运用数学符号列方程的方法,而《九章算术》中是用文字叙述的方式建立二次方程,尚未形成未知数的概念。唐代虽然已有人能够列出三次方程,但其推导过程依赖于几何方法,技巧性极高,不易于推广。此后,方程理论长期受限于几何思维,例如常数项只能为正数,方程的次数不能高过三次。随着数学问题的复杂化,迫切需要一种更为通用的、能够建立任意次方程的方法,天元术便应运而生。李冶摆脱了几何思维模式,他以"立天元一为某某"来表示未知数,这相当于现代数学中的"设 x 为某某",在一次项系数旁置"元"字,从上至下幂次依次递增,建立了一整套不依赖于具体问题的普遍程序。

元代数学家朱世杰(1249—1314 年)将李冶的天元术从一个未知数推广至二元、三元乃至四元高次联立方程组,这就是所谓的"四元术"。朱世杰不仅对四元术进行了研究,还对高阶等差级数求和(亦称"垛积术")进行了深入探讨,并完善了内插公式,创建了一般的插值公式。这一成就在形式与实质上与牛顿的插值公式(1676 年)完全一致。朱世杰撰写了两部数学著作:《算学启蒙》与《四元玉鉴》。《算学启蒙》从基础的四则运算开始,逐步深入到当时数学领域的重要成就——开高次方和天元术,涵盖了已有数学的方方面面,形成了一个完整的体系,是一部优秀的数学启蒙教材。而《四元玉鉴》则是朱世杰多年研究的集大成之作,被萨顿[①]称赞是"中国最重要的数学著作,也是中世纪最杰出的数学著作之一"。

---

① 萨顿(G. Sarton,1884—1956 年),享有"科学史之父"的美名,被公认为科学史这门学科的奠基人。

有足够的史料证实,这一时期的中国是世界上的第一数学强国。由于印刷术的发明,记载着中国传统数学最高成就的宋元算书得以出版并广为流传,成为世界文化的重要遗产。宋元四大家的数学典籍包括杨辉的《详解九章算法》(1261年)、《日用算法》(1262年)、《杨辉算法》(1274—1275年),秦九韶的《数书九章》(1247年),李冶的《测圆海镜》(1248年)、《益古演段》(1259年),朱世杰的《算学启蒙》(1299年)、《四元玉鉴》(1303年)等。

不可否认,两宋时期是我国经济和社会发展的巅峰,很多技术在当时处于世界领先地位,同时数学发展也达到了顶峰,然而彼时的数学方法都是基于如何解决实际问题,没有从问题导向的"算术"发展为研究数与形的规律,对数学的研究没有上升到建立理论体系的层面。

1.4 中国近代数学

14世纪到清代前后,中国数学停滞不前,甚至成了文化教育界不被重视的冷门学科。虽然农业、工业、商业仍在发展,《几何原本》等西方典籍也传入了中国,却由于理学主导和八股取士制度,人们的思想被禁锢,自由创新精神被扼杀。明朝的数学水平远低于宋元,数学家甚至弄不懂增乘开方法、天元术、四元术。明清两代的大部分数学家主要做一些前人著作和十本算经的注释工作,或编写已有结论的数学歌谣,或搞些珠算技术,这种抱残守缺的状态一直延续到清朝后期。在西方科学与民主思潮的影响下,中国学者开始重新关注自然科学的研究,其中的先驱人物是李善兰。

清代数学家李善兰(1811—1882年),从小就喜欢数学,10岁时就自学了古代数学名著《九章算术》,并将全书的426道例题全部解出,这极大地激发了他对数学的兴趣。15岁时李善兰开始学习徐光启和利玛窦合译的《几何原本》,他为后面更为深奥的几卷没有译出感到非常的遗憾。后来,李善兰到了墨海书院,与英国传教士伟烈亚力(1815—1887年)合译了《几何原本》后9卷、《代数学》13卷、《代微积拾级》18卷等许多西方数学著作,其中《代微积拾级》是中国第一部微积分学译著。李善兰是开展现代数学研究的第一位中国数学家,他撰写了关于级数的著作《级数回求》。他在该书的开头指出:"凡算术用级数推者,有以此推彼之级数,即可求以彼推此之级数。"也就是说,对一形如 $y = f_1(x) + f_2(x) + \cdots + f_n(x) + \cdots$ 的幂级数,可以反过来求得一个幂级数 $x = F_1(y) + F_2(y) + \cdots + F_n(y) + \cdots$,这就是所谓的回求。他的处理方法虽然是通过几个特殊级数以有限的步骤经归纳达到"回求"的目的,但是他放弃传统对级数求有限项之和的做法,对级数进行了创新性的研究,这在我国的级数研究史上具有开创性的意义。

此外,李善兰创立了二次平方根的幂级数展开式,并且研究各种三角函数、反三角函数和对数函数的幂级数展开式。他所创造的尖锥术给出了几个相当于定积分的公式,在接触西方微积分思想之前,他已经独立地接近了微积分学。

综观包括中世纪在内的古代中国数学史,数学家大多是在考取功名之后才开始从事自己喜欢的数学研究。他们通常采取以文养理或以官养理的方式,这使得他们难以全身心地投入研究。以数学进步较快的宋朝为例,多数数学家出身低阶官员,他们的注意力主要集中在平民百姓和技术人员关心的问题上,因此忽略了理论研究。即使如此,与其他古代文明如古埃及、古巴比伦、古印度、阿拉伯的数学,甚至中世纪欧洲各国的数学成就相比较,古代中国的数学成就依然璀璨夺目,为推动人类科学文化的发展做出了卓越贡献。

1.5 中国古代数学成就与微积分和极限的关系

中国自古以来便重视数学在实际生活中的应用,数学典籍中多以题例求解的形式阐述。在魏晋南北朝时形成了几何推演证明之范式,但在那之后未能延续。若此趋势得以延续,形成一套严密的数学理论体系,那么近代科学如微积分等可能在中国诞生。因为中国古代的一些数学成就本就与极限和微积分密不可分。

西周时代的古老典籍《周易》就已经蕴含了极限与无穷的思想。人们都知道《周易》的八卦对二进制的发明有着决定性的启发和促进作用,却不知道"易有太极,是生两仪"的"二分说"对微积分及极限理论也有着重大的贡献。而在《周易》前还有《连山》《归藏》,更早有伏羲画卦。到了春秋战国时期,诸多典籍如《道德经》《庄子·天下篇》《墨经》等无不展现了非常朴素且典型的极限思想。《庄子·天下篇》中论述:"一尺之棰,日取其半,万世不竭",充分反映了对线段无限可分性的深刻认识。老子在《道德经》第四十二章提出:"道生一,一生二,二生三,三生万物。"这句话体现了一种动态的趋近过程和无限的思想。《墨经》中提出了关于有穷、无穷,无穷大、无限可分和极限的早期概念。这些概念分散见于自然哲学、数学、伦理等学科的条目中。此外,《墨经》中还涉及光学、力学、逻辑学、几何学、工程技术知识和现代物理学等内容,其中讨论的几何概念可以看作是数学理论研究在中国的最初尝试。

到了魏晋南北朝时期,极限思想有了更进一步的发展,最具代表性的人物是刘徽、祖冲之和祖暅。刘徽首创的割圆术用"圆内接正多边形的面积"来无限逼近"圆面积",与阿基米德的穷竭法都蕴含了极限的思想,尽管他们天各一方、时隔数百年,但却有相似的见解与方法。祖冲之父子的缀术和祖暅原理,大大提升了圆周率计算精度和圆满解决了球体积求解问题,所采用的求积无限小方法,正是积分学的重要思想,这标志着我国古代数学家在通向微积分的道路上又前进了一大步。

宋元朝代是中国古代数学的高峰,这一时期出现了"增乘开方法"、"正负开方术"、"大衍求一术"(同余方程解法)、"垛积术"(高阶等差级数求和)、"招差术"(高次内差法)、"天元术"及"四元术"等杰出成果。其中,所运用的极限概念和求积的无限小方法是微积分创立的必要条件和关键性工作,在世界数学史上有着重要地位。元朝以后,封建统治的文化专制和盲目排外致使包括数学在内的科学日渐衰落,汉、唐、宋、元时期的数学著作不仅没有新的刻本,反而大多失传。直到清朝后期,近代科学的先驱人物和传播者李善兰毕一生之力推动数学研究与数学教育,将微积分、牛顿力学等西方近代科学的思想体系、观点和方法介绍到中国,激起了中国学者对学习自然科学的热情。然而,当时的中国数学已经远远落后于西方,仅凭李善兰一人之力根本无法逆转。

1.6　微积分为何未在中国出现?

在我国数学历史发展的长河中,虽创造了多项举世闻名的成果,诸多典籍和数学成就都蕴含了极限和无限逼近的思想,但最终与微积分的创立失之交臂。恩格斯说:"数学发展中的转折点是笛卡儿的变数,有了变数,运动进入了数学,有了变数,辩证法进入了数学,有了变数,微分和积分也就立刻成为必要的了,而它们也就立刻产生了,并且由牛顿和莱布尼茨大体上完成的,但不是由他们发明的。"在数学史上,微积分的产生与发展被分为了三个阶段:极限阶段、求积的无限小方法阶段和积分与微分的互逆计算阶段。由于最后一个阶段的完成标志着微积分的最终建立,因此这一阶段的完成者——牛顿、莱布尼茨,成为微积分的创建者。然而,任何科学成就的诞生非一朝一夕之功,牛顿与莱布尼茨的成就亦是建立在前人研究的基础之上的。在前两个阶段,欧洲的众多数学家以及古代中国的数学家均作出了不可磨灭的贡献。

而事实上,微积分发展到今天,依旧没有超越中国古人的"易有太极,是生两仪"这一认识。二分说肯定了"太极生两仪""一尺之棰"等事物以二分方式无限可分和万世不竭的无穷小哲学思想;而刘徽的割圆术阐述了"随边数增多与圆周合体矣"的逼近思想。虽然宋元时期,"隙积术"、"会圆术"和"天元术"等数学成就将中国古代数学推至了巅峰期,然而到了 14 世纪以后,中国的数学进入了低谷期,微积分就再没有任何进一步发展的迹象了。

二分说和割圆术最终未能孕育出微积分,究其原因不难发现:前者止步于一般性方法论,更倾向于哲学思想,而未具体应用于数学领域;后者则满足解决具体问题,未深入研究一般性规律,因此无法扩展成为理论体系。而从传统、文化、经济生产和政治环境等多个维度分析,微积分未能在中国系统性地提出,主要有以下几个原因:

(1) 未制定和采用先进的符号系统

近代数学的一个显著特征是大量使用符号,在微积分中尤其是这样。一套合适的符号绝不仅仅起到速记的作用,它还可以表达数学中的各种量、量的关系、量的变化以及量之间的推导和演算过程,这是数学发展的重要条件。运用简明的数学符号,还可以大大简化和加速思维的进程,没有合适的符号就不可能有现代数学。相比之下,中国古代数学采用文言文进行表述,其方式往往显得晦涩难懂,不利于知识的交流与传播。

算筹虽然为中国数学的进步提供了技术支撑,使中国成为世界上最早采用十进制计数法的国家之一,并在一定程度上促进了计算过程的程序化和自动化。然而,算筹的局限性也阻碍了中国数学的进一步发展。使用算筹和珠算无法记录运算过程,习惯于用文字表述运算步骤,这不利于数学推演,实现数学的抽象化和符号化(即用字母代表数字,用符号代表运算),从而限制了数学理论体系的构建。

(2) 关注应用,未重视逻辑推理体系

我国是逻辑学发展最早的国家之一,例如《墨子》一书中的"小取"篇,就是一篇丰富的逻辑著作。但是,从《九章算术》以来,我国数学著作基本上按《九章算术》的格式发展,大都是解决具体问题,缺乏系统的数学研究方法(归纳、推理、证明、逻辑体系),也没有对问题进行提炼和升华。数学的计算源于实践,当计算发展到一定阶段后,只有借助逻辑推理上升为理论,才能把计算推向更高的水平,否则就会踏步不前。

不重视深层次本质和一般规律的归纳,缺乏归纳和证明艺术,因此未能从问题导向的"算术"发展为研究数与形的规律"数学"。中国古代的数学家在数学探索过程中,较少使用归纳和演绎等方法,其数学典籍中都以社会生产和生活实践中的问题为纲,仅注重实用,由于缺少恰当的研究方法,导致中国古代数学的成就未能被国际社会广泛认可和接受。

(3) 没有及时地从静止数学过渡到变量数学(解析几何和函数)

解析几何的基本思想是用代数方法研究几何问题,这本是中国数学的一大特色。中国自古以来数和形密切联系,代数、几何是不分家的。但是解析几何为什么没有在中国产生?原因是我国古代数学关注的都是静态的个别的问题,未从静止状态的数和形的概念进入运动的数和形的概念。

变量数学把代数和几何密切地联系起来,这是数学史上的一个转折,代表着数学工具开始被用于分析和探索自然界的内在性质与动态演化规律。微积分的本质是以动态的眼光分析问题,而变量数学为其提供了基础。变量数学未能在中国产生,也使得我们缺乏微积分发展成熟的土壤。

(4) 中国古代政治生态的局限性

中国传统文化蕴含着丰富的人文精神、道德理念与和谐智慧,与之紧密相连的政治制度则在漫长历史进程中维系大一统格局,但也带来了一系列问题,比如过分注重文化传统的继承,而对外来文化缺乏包容性,加之农耕生产力的局限性、落后的生产关系,以及自宋元时期以后没有大的工程建设,没能从航海、天文和工程建筑中进一步发展和建立解析几何学,导致微积分在中国的诞生缺少了必要的基础。

另外,中国古代对于数学的研究和应用多是为了解决天文历法和农田水利方面的具体问题,鲜有"为数学而数学"的研究。尤其在元朝灭亡后建立的大明王朝采用"八股取士"制度遏制了学术的发展,致使包括数学在内的科学日渐衰落。

1.7   中华文明可以被"忽略"吗?

对于近代数学的重要成果之一——微积分,其形成与发展的历史无疑是数学界的重要话题。翻开有关微积分的教材和介绍其发展历史的著述,大多数定理的前面都是冠以外国人名。然而,对于中华民族在微积分的形成与发展中所做出的贡献,却鲜有甚至根本没有得到相应的体现。

美国数学教育家莫里斯·克莱茵所著的《古今数学思想》(见图 1-16)被认为是"古今最好的一部数学史"。该书高度赞扬古希腊文明,却忽略贬低中国古代文化。书中说:"希腊人在文明史上首屈一指,在数学史上至高无上。""阿基米德是古代最伟大的数学家。他的几何学是古希腊数学的顶峰。""为不使资料漫无边际,我忽略了几种文化,例如中国的、日本的和玛雅的文化,因为他们的工作对于数学思想的主流没有重大影响。"其中西方学者明显对中国古代数学成就抱有偏见和轻视。我们的数学思想与实践因为在研究方法、文化交流以及归纳与表述等方面存在的不足,使得它们未能形成系统化、规律化成果。对于这一点,我们应有正确的认识,即中国古代数学以实用性和构造性见长。

但是大量历史事实无可辩驳地证明,中国是人类数学的故乡之一。

中国著名数学家、中国科学院院士吴文俊(1919—2017 年)先生自 1974 年起致力于中国数学史的研究。作为一位具有战略远见的数学家,他一直在思索数学应该怎样发展,并最终从中国数学史的研究中得到启发。中国古代数学曾达

图 1 - 16　《古今数学思想》

到高度发展阶段,直到 14 世纪,在许多领域都处于国际领先地位,堪称数学领域的强国。但西方学者对中国古代数学的光辉成就不了解也不承认,将其排除在数学主流之外。吴文俊先生的研究工作起到了正本清源的作用。他指出,中国传统数学注重解方程,在代数学、几何学、极限概念等方面不仅成果丰硕,而且拥有系统的理论。他明确提出了数学史研究的两条基本原理:

(1) 所有结论应该从幸存的原始文献中得出来。

(2) 所有结论应按照古人当时的思路去推理,也就是只能用当时已知的知识和当时用到的辅助工具,而应该避开古代文献中完全没有的东西。

遵循上述两条基本原理,吴文俊在研究《海岛算经》以及刘徽著作后,把刘徽常用的方法归纳为"出入相补原理",从而提高了该原理在中国古代数学中的地位。这一归纳是吴文俊先生在中国数学史研究中取得的一项重要成果。

数学是一切自然科学的基础,也是一切重大技术发展的基础。同时,数学也是一种文化,在人类文明的进程中起到重要的推动作用。中国古代数学文化,具有问题导向和数形结合的特点,论述简洁而应用广泛,注重构造性和实用性,是中华文明的重要组成部分。中华民族有着光辉灿烂的数学史,对世界数学的形成与发展作出了巨大贡献,中国数学家的成就理应受到世人的认同与尊重。

我们拥有华夏 5 000 年的不间断文明(从杭州良渚文明算起),虽然微积分的创建与我们的祖先擦肩而过,但现如今中国数学在理论研究、跨学科融合以及前沿技术应用等各个方面都在蓬勃发展,中国数学的未来充满活力与希望。我们应学习古人的创新精神与求实精神,勇于探索数学的未知领域,开拓思维的边界,共同书写中国数学发展新篇章!

参考文献

[1] 李约瑟.中国科学技术史：第一卷　导论[M].北京：科学出版社,2006.

[2] 郭书春.中国古代数学[M].北京：商务印书馆,1997.

[3] 陈传森.刘徽数学思想的新认识：纪念刘徽"割圆术"1753周年[J].数学的实践与认识,2016,46(19):274-287.

[4] 蔡天新.数学与人类文明[M].北京：商务印书馆,2012.

[5] 沈向洋.中国数学发展史[M].北京：科学出版社,2008.

[6] 莫里斯·克莱茵.古今数学思想：第二册[M].石生明,万伟勋,孙树本,等译.上海：上海科学技术出版社,2014.

[7] 吴文俊.数学及其发展[M].北京：科学出版社,2000.

[8] 李继闵."九章算术"及其刘徽注研究[M].西安：陕西人民教育出版社,1990：720-276.

[9] 王能超.千古绝技"割圆术"[J].数学的实践与认识,1996,26(4)：315-321.

[10] 骆祖英.吴文俊与中国数学史研究[J].中国科技史料,1993(2):59-65.

[11] 李文林.数学史概论[M].北京：高等教育出版社,2011.

习　　题

1. 中国古代数学与古希腊数学相比,有哪些独特的成就和特点？

2. 圆周率精确计算在古代天文、建筑、水利等领域有着怎样具体的推动作用,能否举例说明这些领域是如何运用精确圆周率数值的？

3. 采用出入相补原理证明平行四边形面积公式。

4. 魏晋数学家刘徽在其《九章算术注》中提出了"牟合方盖"模型,即一正立方体用圆柱从纵、横两侧面作内切圆柱体时,两圆柱体的公共部分。刘徽指出"牟合方盖"的体积跟内接球体体积的比为 $4:\pi$,但没有给出体积公式。试采用出入相补原理和祖暅原理计算牟合方盖的体积。

5. 已知 $0<a<1,0<b<1$,试采用出入相补原理证明 $a+b-ab<1$。

（提示：作一个边长为 1 的正方形 $ABCD$,在边 AB 和 AD 上分别取点 E 和 H,然后作 $HF \perp BC$ 和 $EG \perp DC$,考察矩形 DE 与矩形 BI 的面积之和与正方形 $ABCD$ 面积的关系。）

6. 针对勾股定理的证明,分析古希腊数学家证明方法、赵爽证明方法和射影定理证明方法之间的联系和区别。

第 2 章　弦弧近似与极限

2.1　圆及圆周率

2.1.1　圆的特性及其认识过程

在日常生活中圆形的实例随处可见,如车轮、硬币以及农历十五的月亮等。最早人们是通过观察太阳和农历十五的月亮来认识圆的,大约 6 000 年前,中国半坡(今位于西安市半坡村)人已掌握了建造圆形屋顶的技术。同一时期,美索不达米亚(两河流域,古巴比伦底格里斯河与幼发拉底河的中下游地区,今伊拉克境内)人做出了世界上第一个圆形木轮。大约 4 000 年前,人们开始将圆形木盘固定于木架之下,这便构成了最早的车辆原型,如图 2-1 所示。

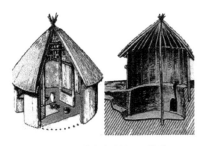

(a) 中国半坡人建造的圆形屋顶　　　　　　(b) 美索不达米亚人做出的圆形木轮

图 2-1　早期人类对圆的利用

尽管古人会作圆形,但他们对圆的性质可能并不完全了解。古代埃及人视圆为神赐给人的神圣图形。一直到 2 000 多年前,我国的墨子(约公元前 468—公元前 376 年,见图 2-2)首次提出了圆的定义:"圆,一中同长也。"意思是:圆具有一个圆心,从圆心到圆周的任何一点的距离都相等。这一定义比希腊数学家欧几里得(约公元前 330—公元前 275 年)所提出的圆定义还要早约 100 年。

2.1.2　圆周率

圆周率 π 表示圆的周长与直径的比值,自有文字记载开始,它就成为经久不衰的话题。正如威廉·哈夫在其著作《π 的自然与历史》中所述:"可能没有一个

图 2-2 墨 子

数字像 π 那样神秘、浪漫、被误解或激发人们的兴趣。"现在我们都知道 π 是一个无理数,也是一个超越数,但在历史上,人们对于圆周率 π 的理解经历了一个漫长的过程,从最初的发现到逐步提升计算精度,再到确定它是无理数,这一过程花了近 4 000 年。根据圆周率计算的发展历程,数学史学家将计算机出现之前的圆周率历史划分为三个时期:实验获取时期、古典几何时期和代数分析时期。

最早关于圆周率的历史记载可以追溯到约公元前 2000 年,一块古巴比伦石匾清晰地记录了圆周率 $\pi = 25/8 = 3.125$。同一时期,古埃及的《莱因德数学纸草书》也表明圆周率等于分数 16/9 的平方,约等于 3.160 5。英国作家 John Taylor(1781—1864 年)在其著作《金字塔》(*The Great Pyramid:Why was it built, and who built it?*)中指出,公元前 2500 年左右的胡夫金字塔和圆周率有着密切关系。例如,金字塔的周长与高度之比等于圆周率的两倍,与圆的周长和半径之比相等。公元前 800—公元前 600 年间成书的古印度宗教巨著《百道梵书》也显示圆周率等于分数 339/108,约等于 3.139。在这段漫长的历史中,圆周率是通过实验法来测算的,因此误差较大。直到公元前 3 世纪,古希腊著名数学家、物理学家阿基米德借助弦弧近似和穷竭法,将圆周率准确计算到小数点后 3 位,圆周率计算才进入几何法时期。此后,经过 500 多年的发展,中国魏晋时期的数学家刘徽利用割圆术将 π 值从 3.141 推进到 3.141 59。又过了 200 多年,南北朝时期的数学家祖冲之用盈朒两数表示圆周率的数值在 3.141 592 6 和 3.141 592 7 之间,将 π 的精度计算到小数点后 7 位。直到 15 世纪初,阿拉伯数学家卡西精确求得圆周率小数点后 17 位,打破了祖冲之保持近千年的纪录。德国数学家鲁道夫·范·科伊伦于 1596 年将 π 值计算到小数点后 20 位,之后他投入毕生精力,于 1610 年算到小数点后 35 位数,该数值以他的名字命名,称为鲁道夫数。此后,圆周率 π 的计算从几何法时期过渡到分析法时期,人们开始利用无穷级数或无

穷连乘积求 π，从而摆脱了割圆术的复杂计算。无穷乘积式、无穷连分数、无穷级数等各种 π 值表达式相继出现，使得计算精度迅速提升。第一个快速算法由英国数学家梅钦提出，1706 年梅钦计算 π 值突破小数点后 100 位大关，他使用了反正切函数 arctan x，该函数可通过泰勒级数计算得出，类似的方法被称为"梅钦类公式"。斯洛文尼亚数学家 Jurij Vega 于 1789 年计算出 π 值小数点后 140 位，其中只有 137 位是正确的，这一世界纪录保持了 50 年。到了 1948 年，英国的弗格森和美国的伦奇共同发表了 π 的 808 位小数值，成为人工计算圆周率值的最高纪录。1949 年，美国制造的首台电子计算机 ENIAC（电子数字积分计算机）在阿伯丁试验场启用，π 值的计算进入了飞速发展的阶段。次年，里特韦斯纳、冯·诺依曼和梅卓普利斯利用这部计算机，用 70 h 计算出 π 的 2 037 个小数位。此后，圆周率的计算精度不断刷新，在 2019 年圆周率日（3 月 14 日），谷歌工程师 Emma Iwao 利用谷歌运算引擎计算出了精确度达 31.4 万亿位的圆周率，其纪念意义不言而喻。

也许有人会好奇，为何人类对圆周率 π 如此着迷，它到底有何实际用途？实际上，除了我们熟知的圆周率在解决圆和球体等几何问题上的应用，它在其他领域也有广泛的应用。比如，π 用在天文学中，关于宇宙可观测范围的计算，只要圆周率精确到小数点后 39 位，误差就不会超过一个原子的体积；在计算机信息加密领域，利用圆周率的完全随机数字对重要文件资料进行加密，破解的概率微乎其微；此外，测试计算机的性能时，圆周率就像一把标尺，计算圆周率的数值越高，计算机的性能就越强。圆周率在三角函数、微积分、概率论、交流电、无线电传播计算等多个领域都有着重要的应用。

在古代，精确计算圆周率具有重大意义，它不仅能衡量一个数学家的数学才能，还能反映一个国家或民族的数学发展水平，甚至标志一个地区或时代的科学技术的发展程度（如建筑施工、圆形构件制造、航海等）。

德国数学史家康托（Contor Georg，1845—1918 年）在《数学史讲义》一书中指出："历史上一个国家计算圆周率的准确程度，可以作为衡量这个国家当时数学发展水平的指标。"在数学中，不变量是关键的数学生长点，圆周率是人类历史上最早认识并加以运用的不变量之一，在人类文明的发展与进步中发挥了重要的作用。同时，圆周率的近似计算也极大地推动了数学的发展与应用，孕育了许多重要的思想，例如几何时期的割圆术、穷竭法就蕴含了极限和微积分的思想雏形以及加速计算的数值方法，值得我们思考与借鉴。接下来，将介绍几何时期几位科学家对圆周率的研究。

2.2　古希腊阿基米德提出的弦弧近似方法

2.2.1　阿基米德

　　阿基米德的著述甚丰，多为论文手稿，内容涵盖数学、力学及天文学。几何学方面，其著作有《圆的度量》、《抛物线求积》、《论螺线》、《论球和圆柱》、《论劈锥曲面体和旋转椭圆体》和《论平面图形的平衡或重心》，力学方面有《论浮体》和《阿基米德方法》，他还有一部科普著作《沙粒的计算》，是为叙拉古小王子所写。

　　在数学领域，阿基米德擅长探求面积、体积及相关问题。例如，他成功计算了球的表面积和体积，以及圆柱体和圆锥体的体积，并通过"穷竭法"计算曲线下的面积，这种方法被认为是现代微积分的前身。阿基米德是世界上第一个用科学方法计算圆周率的人，他使用内接和外切正 96 边形逼近圆周，得到圆周率的近似值 $\frac{22}{7}$，精确到小数点后两位，求得 π＝3.14。这是公元前人类关于圆周率的最佳结果。他还用类似的方法证明球的表面积等于大圆的 4 倍。尽管在证明过程中阿基米德使用了穷竭法，但由于古希腊人在精神上对"无穷"怀有恐惧，因此其著作总是谨慎地回避"取极限"问题。

　　在物理学领域，阿基米德发现了流体力学的基本原理（又称浮体定律）：物体在流体中减轻的重量等于排出去的流体的重量。此外，由于发明并掌握了杠杆原理，阿基米德曾宣称："给我一个支点，我就可以撬动地球。"据说为了让人相信这一点，他曾设计出一组滑轮，国王借助这组滑轮亲手移动了一艘三桅大帆船。即便在今天，通过巴拿马运河或苏伊士运河的巨轮，依然依靠有轨的滑轮车来牵引。在工程领域，他发明了阿基米德螺旋泵，这是一种用于提升水的装置，由螺旋形的管道组成，至今仍在一些地方用于灌溉和排水。不仅如此，他还用他的智慧和力学知识，在抵御罗马入侵的战争中保卫故乡。

　　阿基米德以其卓越的智慧和发明才能，在科学史上留下了深远的影响。他的研究成果不仅在其时代被广泛应用，还为后来的科学发展奠定了基础。

扩展阅读

　　阿基米德（Archimedes，公元前 287—公元前 212 年），是古希腊伟大的天文学家、物理学家、数学家、哲学家，是百科式科学家。他是静力学和流体静力学的奠基人，享有"力学之父"的美称。他与高斯、牛顿并列为世界三大数学家。

阿基米德出生在西西里岛东南的叙拉古(又译锡拉库萨),其父是天文学家。他早年在埃及跟随欧几里得的弟子学习,回到故乡以后,仍与当地学者保持密切的通信联系,他的学术成果多通过这些信件传播和保存。

深思的阿基米德
(意大利画家费蒂作于 1620 年)

公元前 214 年,罗马军队从海上进攻,包围了叙拉古,此时已 73 岁的阿基米德担任最高军事顾问,研制出大量武器。相传叙拉古人先用阿基米德发明的起重机之类的工具把靠近岸边或城墙的船只抓起来,再狠狠地摔下去。又用强大的机械把巨石抛出去,形同暴雨般打得敌人仓皇逃窜。最后,罗马人改用长期围困的策略,公元前212年叙拉古终因粮尽弹绝而陷落,正在沙盘上画图的阿基米德也被一名莽撞的罗马士兵用长矛刺死。阿基米德之死预示着希腊数学和灿烂文化的衰败,西方圆周率计算就此沉寂1 000多年。

2.2.2　阿基米德的圆周率计算方法

阿基米德采用弦弧近似与穷竭法来计算圆周率。穷竭法最初由公元前 5 世纪的雅典演说家、政治家安提芬(Antiphon)提出,他在研究"化圆为方"问题时,提出了使用圆内接正多边形面积来"穷竭"圆面积的思想。之后,阿基米德进一步完善了穷竭法,并将其广泛应用于曲面面积和旋转体体积的求解。通过穷竭法,他证明了圆面积可以用边数无穷的内接或外接正多边形面积来逼近,其原理如图 2-3 所示。设 S 为圆的面积,容易证明内接正方形的面积大于圆面积的一半,而圆面积则由一个内接正方形面积和四个弓形面积(面积小于内接正方形面积)组成。依次类推,可以得出圆面积由一个正 2^n 边形和圆与此正 2^n 边形面积之差(该值小于初始内接正方形面积的 $1/2^{n-2}$,$n \geqslant 2$)组成,随着边数增多,这个面积差可以变得小于任意设定的正数。这也说明,古希腊的数学家已经认识到了一个通项趋于无穷小的正数序列:$1,\dfrac{1}{2},\dfrac{1}{4},\cdots,\dfrac{1}{2^{n-2}},\cdots,n \geqslant 2$。

我们再来介绍何为弦弧近似。在圆上,任意两点之间的部分称为圆弧,简称为弧。当圆与任意一条直径相交于两个端点时,它将圆分成两条弧,大于半圆的弧叫优弧,小于半圆的弧叫劣弧。连接圆上任意两点的线段被称为弦,经过圆心

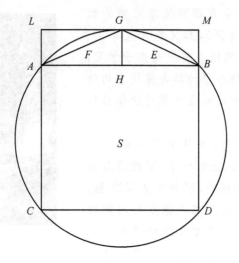

图 2-3　穷竭法示意图

的弦被称为直径,直径是圆中最长的弦。我们知道,在一个圆中,随着圆心角的减小,其对应的弧和弦的长度差距也减小;当圆心角趋于 0 时,相对应的弧长几乎等于弦长,这就是"弧弦近似",蕴含了极限的思想。

弦弧近似原理最早是在计算圆周率的过程中被发现的。在不同大小的圆中,存在一种具有普适意义的"不变量"π。π 等于圆周长除以直径,也等于圆面积除以半径的平方,这表明 π 与圆的面积和周长紧密相关。如图 2-4 所示,两个同心圆和各自的内接正 n 边形,假设外圆及其内接正 n 边形的周长分别为 c_1、p_1,内圆及其内接正 n 边形的周长分别为 c_2、p_2,则

$$p_1 = n \times AB, \quad p_2 = n \times CD \tag{2-1}$$

$$c_1 = \lim_{n \to \infty} p_1, \quad c_2 = \lim_{n \to \infty} p_2 \tag{2-2}$$

$$\frac{c_1}{2r_1} = \frac{\lim\limits_{n \to \infty} n \cdot AB}{2r_1} \tag{2-3}$$

$$\frac{c_2}{2r_2} = \frac{\lim\limits_{n \to \infty} n \cdot CD}{2r_2} \tag{2-4}$$

由相似三角形可得

$$\frac{AB}{r_1} = \frac{CD}{r_2} \tag{2-5}$$

所以

$$\frac{c_1}{2r_1} = \frac{\lim\limits_{n \to \infty} n \cdot AB}{2r_1} = \frac{\lim\limits_{n \to \infty} n \cdot CD}{2r_2} = \frac{c_2}{2r_2} = \pi \tag{2-6}$$

上述计算过程说明无论圆的大小如何,其周长与直径的比值始终不变,这一

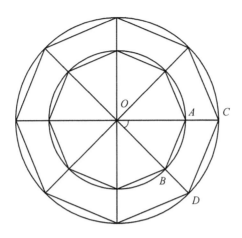

图 2-4　同心圆及其内接正 n 边形

现象表明存在"不变量"π。假设我们考虑一个直径为 1 的圆（周长为 π），并同时
构造其内切和外接多边形。随着边数的不断增加，多边形的周长越来越接近圆
的周长，即实现了"弦弧近似"。因此，计算外接多边形和内接多边形的周长，可
以估计出圆周率。每增加一条边数，对 π 的估值就更精确一些。使用内接多边
形周长可以弱近似得到 π，使用外切多边形周长可以强近似得到 π。例如使用正
方形和正六边形来计算 π，可以分别得到 $2\sqrt{2}<\pi<4,3<\pi<2\sqrt{3}$ 的数值范围。
通过不断增加内接外切正多边形地边数，可以得到越来越接近 π 的数值范围。
阿基米德甚至计算到了 96 条边的正多边形（英文 Enneacontahexagon），此时圆
的周长介于 3.140 8 和 3.142 9 之间，由此得到 π=3.14，这是公元前最精确的 π
值。这种方法利用了弦弧近似和穷竭法，实现了圆周率的近似计算。图 2-5 所
示为阿基米德使用穷竭法计算 π。

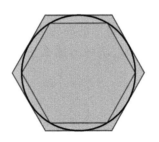

图 2-5　阿基米德使用穷竭法计算 π

2.3 刘徽割圆术

2.3.1 刘徽割圆术算法

在中国数学史上，圆周率的最早记载出现在《周髀算经》中，这是古代中国劳动人民通过实践测量得出的结果。《九章算术》的方田、商功、少广各章中，凡涉及圆或圆的面积、圆柱、圆锥等，均使用了周径之比，即"周三径一"，此时 π 取值为 3，后人称之为"古率"。古率的精确度较低，到了公元 1 世纪，西汉学者刘歆打造了更为精准的圆周率测量工具——律嘉量斛，将圆周率的数值精确至 3.154 7，世称歆率。不难看出，当时对圆周率的计算主要依赖于实测，缺乏理论计算方法。直到东汉时期，数学家张衡首次对圆周率进行了理论上的修正，其著作《算罔论》和《灵宪》记录了他关于圆周率的测算方法。张衡从"为术者"继承了其提到的丸柱率，并利用圆与其外切正方形的关系来修正圆周率，得到了周径比为 $\sqrt{10}$。显然，这个比率尚不及歆率准确，且计算过程较为复杂，魏晋时期的刘徽在评价张衡圆周率计算方法时指出："衡亦以周三径一之率为非，是故更著此法，然增周太多，过其实矣。"尽管如此，张衡的贡献在于开辟了新的思路，为圆周率的计算提供了一种理论方法。

刘徽编著的《九章算术注》和《海岛算经》创建了中华数学的理论体系。他把极限思想应用于近似计算，首次在中国提出了科学的圆周率近似值计算方法——割圆术，开启了中国数学之新纪元。在《九章算术》第一章"方田"中，关于圆面积的计算有这样的记载："半周半径相乘得积"，即圆面积＝半周长×半径。人们最初是如何推导出圆面积公式的呢？推测是基于出入相补原理，从三角形面积入手，进而推导出弧边三角形（扇形）的面积，最后逼近圆的面积。如图 2-6 所示，通过作圆内接多边形，每个弧边三角形的弧度角为 α，圆弧对应的弦长为 l，弧长为 l_{arc}，扇形中以弦为底的三角形的高为 h，非弧边长为半径 r，当 α 较小时，可以认为弦弧近似相等，即 $l \approx l_{\text{arc}}$，$h \approx r$，那么三角形与扇形的面积可以表示为

$$S_\triangle = \frac{1}{2}lh \tag{2-7}$$

$$S_{\text{arc}\triangle} = \frac{1}{2}rl_{\text{arc}} = \frac{1}{2}r^2\alpha \tag{2-8}$$

将圆分割成若干扇形并展开，再组合成长方形，则圆面积可以用长方形面积公式近似为 $S \approx r\frac{1}{2}\sum_{i=1}^{n} l_{\text{arc}}$，即半周长与半径之积。当然，如果使用现代数学求极限的方法，则可以进行严格的证明，即圆的面积 S 可以通过三角形面积的加和

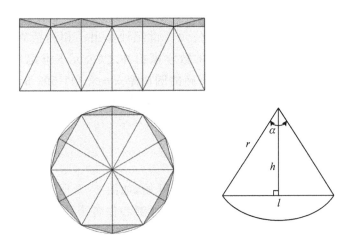

图 2 - 6　通过弧边三角形(扇形)推导圆的面积公式

求极限来计算。

如式(2 - 7)，三角形面积为

$$S_\triangle = \frac{1}{2}lh = \frac{1}{2} \times 2r\sin\frac{\alpha}{2} \times r\cos\frac{\alpha}{2} = r^2\sin\frac{\alpha}{2}\cos\frac{\alpha}{2}$$

三角形面积加和求极限，利用倍角公式和洛必达法则，可得

$$S = \lim_{n\to\infty}\sum_{i=1}^{n}r^2\sin\frac{\alpha}{2}\cos\frac{\alpha}{2}$$

$$= \lim_{n\to\infty}\sum_{i=1}^{n}2\cdot\frac{1}{2}\cdot r^2\sin\frac{\alpha}{2}\cos\frac{\alpha}{2}$$

$$= \lim_{n\to\infty}\sum_{i=1}^{n}\frac{1}{2}\cdot r^2\sin\alpha$$

$$= \frac{1}{2}r^2\lim_{n\to\infty}\sum_{i=1}^{n}\alpha\frac{\sin\alpha}{\alpha}$$

$$= \frac{1}{2}r^2\lim_{n\to\infty}\sum_{i=1}^{n}\alpha = \pi r^2 \tag{2 - 9}$$

　　刘徽为《九章算术》作注，其中"割圆术"是他对第一章"方田"中"圆田术"一文写的注疏。这篇注疏全文约 1 800 字，分为上、中、下三篇：上篇(263 字)阐述了深邃的极限思想；中篇(1 264 字)介绍了高明的逼近方法；下篇(159 字)则揭示了巧妙的加速技术。后世将这一系列注疏称为"割圆术"。刘徽的割圆术蕴含了极限和微积分的基本思想。尽管在他的著作中没有使用精确的数学语言给出定义，但他对极限动态变化过程及其归宿的描述却十分透彻和生动："割之弥细，所失弥少，割之又割，以至于不可割，则与圆合体，而无所失矣。"

刘徽的割圆术既简洁又严谨,且具有很强的程序性,可以采用二分倍增法继续分割下去。他使用这种方法,在公元 3 世纪计算出了相当精确的圆周率 $\pi \approx 3.141\ 6$。继刘徽之后,南北朝时期的数学家祖冲之(公元 5 世纪)对 π 值的计算进行了更深入的研究,得到了更为精确的圆周率 $\pi \approx 3.141\ 592\ 6$,这一数值成为此后千年世界上最准确的圆周率。接下来,我们用现代数学语言来阐释这一计算方法。

2.3.2 双侧逼近与误差估计

刘徽采用割圆术,从圆内接正六边形开始,如图 2-7 所示(当圆半径为 1 时,面积就是圆周率)。基于圆内接正六边形,过圆心作各个边的垂线并延长至与圆相交,得到圆内接正 12 边形。依此方法,逐步将边数倍增,得到一个正 6×2^k ($k = 0, 1, 2, 3, \cdots$)边形的序列。设 S_n 是 n($n = 6 \times 2^k$)边形的面积,l_n 是边长,割得越细,即 k 值越大,正多边形面积越接近圆面积,两者的偏差 $S - S_n$ 就越小(其中 S 为圆的面积)。当分割至不可割时,圆内接正多边形便与圆周合为一体,即 $\lim\limits_{n \to \infty} 6 \times 2^k l_n = L$,此时 $\lim\limits_{n \to \infty} S - S_n = 0$ 或 $\lim\limits_{n \to \infty} S_n = S$。这正是极限的思想。

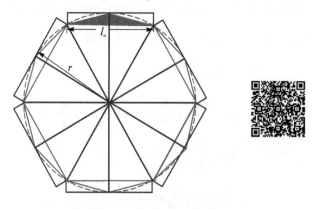

图 2-7 刘徽割圆术示意图

对于这样的割圆操作,如果作一般性假设,圆的半径为 r,圆的面积仍为 S,圆内接正六边形的边长为 $l_6 = r$,作为初值。圆内接正 n、$2n$ 边形的边长分别为 l_n、l_{2n},圆内接正 $2n$ 边形的面积为 S_{2n},使用两次勾股定理则有

$$l_{2n} = \sqrt{\left(r - \sqrt{r^2 - l^2/4^n}\right)^2 + l^2/4^n} = \sqrt{2r^2 - r\sqrt{4r^2 - l_n^2}} \quad (2-10)$$

$$S_{2n} = \frac{n}{2} l_n r \quad (2-11)$$

利用极限和三角函数的知识可以证明,当无限重复此步骤时,有

$$\lim_{n\to\infty} 2nl_{2n} = \lim_{n\to\infty} 2n \cdot 2r\sin\frac{\pi}{2n} = 2r\lim_{n\to\infty}\pi\,\frac{\sin\dfrac{\pi}{2n}}{\dfrac{\pi}{2n}} = 2\pi r \qquad (2-12)$$

$$\lim_{n\to\infty} S_{2n} = \lim_{n\to\infty}\frac{n}{2}l_n r = \lim_{n\to\infty}\frac{n}{2}\cdot 2r\cdot\sin\frac{\pi}{n}\cdot r$$

$$= r^2\lim_{n\to\infty}\pi\,\frac{\sin\dfrac{\pi}{n}}{\dfrac{\pi}{n}} = \pi r^2 \qquad (2-13)$$

由此证明,割圆术可以计算出 π 的任意精度,并且

$$\pi \approx \frac{S_{2n}}{r^2} \quad (n=1,2,3,\cdots) \qquad (2-14)$$

显然,迭代次数越多,结果越精确。然而,式(2-10)中的平方、开方在当时都需要手算,而古人用的是算筹,提高计算精度需要付出巨大的工作量。因此,在实际计算过程中,刘徽采用了双侧逼近法,利用剪口的外切多边形作强近似。观察图 2-7 中的那些狭长矩形,我们不难看出,这些矩形的总面积为 $2(S_{2n}-S_n)$,它们与正 n 边形拼接而成的图形完全覆盖住了圆形。因此,刘徽的割圆术不仅定性地提出了极限概念,而且还精确地刻画了逼近过程,从而得到双侧逼近公式:

$$S_{2n} < S < 2S_{2n} - S_n \qquad (2-15)$$

其中,圆的面积 S 弱近似为内接多边形的面积 S_{2n},强近似为外切剪口多边形的面积 $2S_{2n}-S_n$。基于这条不等式,每次计算都能得到圆周率的一个更精确的数值范围,并且计算量减小近一半。当刘徽割圆至正 192 边形时,他得到了圆面积的上下界:$314\frac{64}{625}=S_{192}<S<314\frac{169}{625}$(单位:平方寸)。若取小数点后两位的精确值,则 $\pi=3.14$,分数形式为 $\pi=\frac{157}{50}$,这便是历史上著名的"徽率"。

实际推演过程采用二分倍增法,如图 2-8 所示,n 依次取为 $6,12,24,48,\cdots$,取 $r=l_6=1$,由下式

$$l_{2n} = \sqrt{2-\sqrt{4-l_n^2}} \qquad (2-16)$$

$$S_{2n} = \frac{n}{2}l_n \qquad (2-17)$$

递推得到 $l_6,l_{12},l_{24},l_{48},\cdots$ 和 $S_{12},S_{24},S_{48},\cdots$。

刘徽的割圆术与阿基米德的方法都采用了逼近的思想,但刘徽专注于计算面积,而阿基米德则专注于计算周长。此外,阿基米德在计算时需要借助于圆外

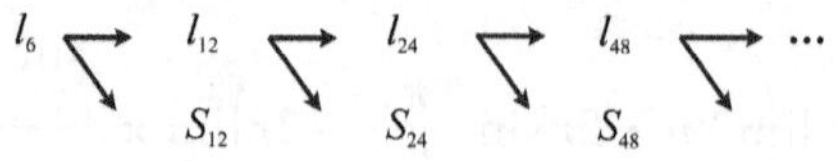

$$l_6 \searrow \quad l_{12} \searrow \quad l_{24} \searrow \quad l_{48} \searrow \cdots$$
$$\qquad S_{12} \qquad S_{24} \qquad S_{48}$$

图 2-8 动态二分演化过程

切的正多边形,而刘徽割圆术只需要计算内接多边形和外切剪口多边形(增加的计算量相较于圆外切正多边形可忽略)来实现双侧逼近。因此,从计算效率的角度来看,刘徽的方法要优于阿基米德的方法。

2.3.3 神奇的加速技术

刘徽对圆周率的探索并没有止步于"徽率",他还提出了加速计算的方法以获得更高的精度。在割圆术中刘徽使用了双侧逼近公式,该公式可以写为

$$S_{2n} + 0 \cdot (S_{2n} - S_n) < S < S_{2n} + 1 \cdot (S_{2n} - S_n) \qquad (2-18)$$

因此,我们不妨假设

$$S \approx S_{2n} + \omega(S_{2n} - S_n) \quad (0 < \omega < 1) \qquad (2-19)$$

即加速逼近公式,其关键在于松弛因子 ω 值的合理选择。刘徽的割圆术已经能够近似计算到 192 边形。在刘徽之前,阿基米德也已经掌握了 S_{96} 和 S_{192} 的计算,但数据仍然较为粗糙。刘徽提升计算精度并非通过继续割圆,而是利用式(2-19)对两个粗糙数据进行再加工,即 $S \approx S_{192} + \omega(S_{192} - S_{96})$,从而得到更为精确的结果。实际上,这一加速技术才是割圆术的精髓,而最关键的是如何选择这个松弛因子 ω。

刘徽在割圆术中留下一句被称为"十字文"的话:"以十二觚(gu)之幂为率消息。"1 000 多年来,许多专家费尽心思也未能解开其谜。华中科技大学王能超教授认为这可能是人们传抄之误,原文应为"以十二觚之幂率为消息",意思是系数 ω 的消息在十二觚之幂率中。刘徽将多边形的面积称为幂,而将偏差称为差幂。在计算过程中,他很可能观察到了正多边形面积的递增趋近于某个确定性的比值,即

$$\frac{S_{24} - S_{12}}{S_{48} - S_{24}} \approx \frac{S_{48} - S_{24}}{S_{96} - S_{48}} \approx \frac{S_{96} - S_{48}}{S_{192} - S_{96}} \approx K$$

而所谓十二觚之幂率是指差幂之比,即

$$K(n) = \frac{S(2n) - S(n)}{S(4n) - S(2n)} \quad (n = 12, 24, 48, 96, 192, \cdots) \qquad (2-20)$$

由式(2-19)可以写出

$$S \approx S(2n) + \omega[S(2n) - S(n)], \quad S \approx S(4n) + \omega[S(4n) - S(2n)]$$

联合式(2-20)可以得到 $\omega = 1/[K(n) - 1]$,取 $n = 12$,则

$$K(12) = \frac{S(24) - S(12)}{S(48) - S(24)} = 3.95$$

$$\omega = \frac{1}{2.95} = \frac{35\left(1 + \dfrac{59}{1\,000}\right)}{105}$$

这里刘徽取圆半径为 10.0 寸,此时圆面积为 100π 平方寸,S_{12}、S_{24}、S_{48}、S_{96} 和 S_{192} 分别为 300、$310\frac{364}{625}$、$313\frac{164}{625}$、$313\frac{584}{625}$ 和 $314\frac{64}{625}$ 平方寸,计算结果如表 2-1 所列。

表 2-1　割圆术求圆周率数值

n	12	24	48	96	192
幂 S_n	300	$310\frac{364}{625}$	$313\frac{164}{625}$	$313\frac{584}{625}$	$314\frac{64}{625}$
差幂 d_n	$10\frac{364}{625}$	$2\frac{425}{625}$	$\frac{420}{625}$	$\frac{105}{625}$	
幂率 r_n	3.949	3.988	4.000		

刘徽采用 $\omega = 36/105$ 作为近似值(外延 $36/105$,即 $0.342\,857$,而 $1/2.95 \approx 0.338\,983$,只能说是近似相等,刘徽并没有解释这样计算的原理),对上面这些粗糙数据进行了精细加工。他将这一加工过程描述为"差幂六百二十五分寸之一百五,以十二觚之幂为率消息,当取此方寸之三十六以增于一百九十二觚之幂,以圆幂三百十四寸、二十五分寸之四",用数学公式表达就是

$$S_{192} + \omega(S_{192} - S_{96}) = 314\frac{64}{625} + \frac{36}{105} \times \frac{105}{625} = 314\frac{4}{25}$$

由此求得 $\pi = 3.141\,6$。此外,刘徽还进行了校验,"当求一千五百三十六觚之一面,得三千七十二觚之幂,而裁其微分,数亦宜然,重其验耳",这说明他确实计算过 $S_{3\,072}$,但目的仅在于验证前述结果的正确性,并没有把正 192 边形后的数值记录下来。

刘徽求圆周率的过程,可以说是数学原理加上直觉因素双重作用的结果。通过几何分析,得出圆周率的无限逼近递推公式,算法简洁直观,易于理解与应用。他提出的加速逼近算法利用两个低精度数据加工出了高精度的结果,类似于近代数值计算中的外推法,收敛速度更快,精度更高,可谓神奇而玄妙的千古绝技。

然而,刘徽的算法也有其局限性,每次计算都需要进行一次平方操作和两次开方操作,计算过程较为复杂。随着割圆次数的增加,边长趋于 0 和边数趋于 ∞,在递推过程中不可避免地遇到"绝对值相近数相减"和面积计算中"$0 \times \infty$"坏

条件计算问题,对计算的准确性要求很高。

目前,尚不清楚刘徽当时是否解决了割圆术的收敛性问题。在此,我们用级数收敛性来讨论和式的收敛性。记内接正六边形的面积为 $S^{(1)} = S_6$,取 12 边形与六边形的面积之差 $S_{12} - S_6 = S^{(2)}$。类似地,记 $S_{6 \times 2^k} - S_{6 \times 2^{k-1}} = S^{(k)}$。取 $r = 1$,证明得到

$$\lim_{k \to \infty} \frac{S^{(k+1)}}{S^{(k)}} < 1 \tag{2-21}$$

$$\lim_{k \to \infty} S^{(k)} = 0 \tag{2-22}$$

$$\lim_{k \to \infty} \frac{l_{2k}}{l_k} < 1 \tag{2-23}$$

所以,级数 $S^{(1)} + S^{(2)} + \cdots + S^{(k)} + \cdots$ 可以求和,这个和收敛为圆的面积。

扩展阅读

刘徽(约 225—295 年)是魏晋时期杰出的数学家,他编著的《九章算术注》和《海岛算经》创建了中华数学的理论体系,并且是中国首位用文字表示小数概念的数学家。他将极限思想应用于近似计算,首次在中国提出求圆周率近似值的科学方法,创立了以几何学求圆周率的"割圆术",开启了中国数学之新纪元。在计算圆周率的过程中,他用到尺、寸、分、厘、毫、秒、忽 7 个单位,并将比例更小的单位统称为"微数"。在《九章算术注》"方田"章的注释中,刘徽用割圆术证明了圆面积的精确公式,并详细描述了圆周率的计算过程:

"割六觚以为十二觚术曰:置圆径二尺,半之为一尺,即圆里觚之面也。令半径一尺为弦,半面五寸为句,为之求股。以句幂二十五寸减弦幂,余七十五寸,开方除之,下至秒、忽。又一退法,求其微数。微数无名知以为分子,以十为分母,约作五分忽之二。故得股八寸六分六厘二秒五忽五分忽之二。以减半径,余一寸三分三厘九毫七秒四忽五分忽之三,谓之小句。觚之半面又谓之小股。为之求弦。其幂二千六百七十九亿四千九百一十九万三千四百四十五忽,余分弃之。开方除之,即十二觚之一面也。"

2.4 祖冲之缀术:扑朔迷离的千古疑案

2.4.1 精妙的祖率

祖冲之最为世人所熟知的学术成就,是在圆周率的计算上。他改进了刘徽

的割圆术,将圆周率计算至小数点后第 7 位,即 3.141 592 6<π<3.141 592 7,还给出了用分数表示的约率(22/7≈3.143)和密率$\left(\dfrac{355}{113}≈3.141\ 592\ 9\right)$。

据估计,要达到祖冲之圆周率的精度,需要割圆到 12 288 边形,计算内接 24 576 边形的面积。通过 12 288 边形面积得到 3.141 592 516,通过 24 576 边形面积得到 3.141 592 619,后四位数差 103。然而,如此庞大的运算量,若仅依赖于算筹来完成,是难以想象的。因此,后来的学者猜测,祖冲之可能利用了某种加速算法,提升了刘徽割圆数据的精度。至于分数形式的圆周率,则是采用了类似"调日法"的方法,在约率 22/7 的基础上,得到了圆周率的强近似分数密率 355/113。

"调日法"是由同时代的著名天文学家何承天提出来的,用近似分数来逼近实际数值,类似于插值计算。遗憾的是,何承天本人没有留下关于"调日法"的直接著作,我们只能在宋代的相关著作里见到具体方法,比如秦九韶在《数书九章》里讨论了"调日法"的计算方法,用现代数学表达:如果 x 位于两个分数(弱率和强率)之间,那么两个分数的分母、分子各自相加得出的新分数,将更接近 x,即若 x 满足 $\dfrac{a}{b}<x<\dfrac{c}{d}$,则 $\dfrac{a}{b}$,$\dfrac{c}{d}$ 和 $\dfrac{a+c}{b+d}$ 三个数中 $\dfrac{a+c}{b+d}$ 更接近 x。

其简要证明如下:

若 x 满足 $\dfrac{a}{b}<x<\dfrac{c}{d}$,则存在

$$\frac{a+c}{b+d}-\frac{a}{b}=\frac{bc-ad}{b(b+d)}>0,\qquad \frac{c}{d}-\frac{a+c}{b+d}=\frac{bc-ad}{d(b+d)}>0$$

即

$$\frac{a}{b}<\frac{a+c}{b+d}<\frac{c}{d}$$

所以 $\dfrac{a}{b}$、$\dfrac{c}{d}$ 和 $\dfrac{a+c}{b+d}$ 三个数中 $\dfrac{a+c}{b+d}$ 更接近 x。

上述结论可以推广为 $\dfrac{a+mc}{b+md}$ 更接近 x,其中 m 为正整数。不难看出,何承天"调日法"实际上就是近代计算数学中的插值近似。

中国古代数学史研究专家李俨(1892—1963 年)和钱宝琮(1892—1974 年)先生,采用"调日法"给出了密率的推证过程猜测:

考虑 $\dfrac{a}{b}<\dfrac{a+c}{b+d}<\dfrac{c}{d}$,取

$$\frac{a}{b}=3.14=\frac{157}{50}(徽率),\qquad \frac{c}{d}=3.142\ 86=\frac{22}{7}(约率)$$

用上式 9 次,即取 $m=9$,可得

$$\frac{a+mc}{b+md}=\frac{157+9\times22}{50+9\times7}=\frac{355}{113}(\text{密率})$$

可以证明,在所有分母不超过 16 500 的分数中,密率 355/113 是当之无愧的近似冠军,祖冲之取得了一项称雄千年的数学成就。在祖冲之的时代,还没有应用小数,因而在实际计算中常用分数来表示圆周率,这无疑是一项巨大的工程。

为此,日本数学史学家三上一夫认为,用密率 $\frac{355}{113}$ 表示 π 的近似值是一项伟大的贡献。他在 1913 年提出建议,将祖冲之圆周率的密率数值命名为"祖率",这一提议得到广泛认同。祖冲之关于圆周率的探索,超越了世界水平 1 000 多年。张景中院士在《数学家的眼光》一书中指出:祖率与 π 精确值的误差不超过 0.000 000 267,这无疑是祖率的精妙和伟大之处。

2.4.2 破解"缀术"之谜

关于祖冲之是如何计算出圆周率的,至今未有确切答案。《隋书·律历志》记载了祖冲之采用的方法,称为"缀术",记录了他对圆周率的研究过程和成果。书中写道:"所著之书名为《缀术》,学官莫能究其深奥,是故废而不理。"据说,在唐代此书被朝廷定为官方教科书,但当时并未受到学官重视,到了宋朝便已失传。因此,祖冲之的算法成为了千古之谜。在 2008 年,中国科协发布的《18 个中国公众关注的科技问题》一文中,将"祖冲之究竟是怎样计算出圆周率 π 值的?"列为公众关注的未解科学难题之一。

从史料记载来看,祖冲之的"缀术"与刘徽割圆术一脉相承,均体现了极限逼近的思想。华罗庚先生曾说:"他的算法也是极限的最好说明,他从单位圆的内接正六边形和外切正六边形出发,再作内接的和外切的正 12 边形、正 24 边形……边数愈多,内接的和外切的正 $6\cdot2^{n-1}$ 边形的面积就愈接近圆的面积,由此可以逐步精确地算出圆周的长度。"

在编纂《中国数学史》时,钱宝琮先生推测祖冲之可能采用了与刘徽割圆术相似的方法。钱先生说:"祖冲之钻研了《九章算术》的刘徽注之后,认为数学还应该有所发展,他写成了数十篇专题论文,附缀于刘徽注的后面,叫它'缀术'。""缀"有附着之意,故华中科技大学王能超教授同意钱先生的观点,认为"缀术"实际上是刘徽《九章算术注》的"祖冲之注"。然而"缀术"绝不是单纯的"缀述","缀"字亦有拼合、组合之意,故"缀术"可能是某种组合之术,是对刘徽割圆术的进一步发展。

接下来,我们一起探寻一下祖冲之是如何用"组合"之术来改进割圆术,并得到更加精确的圆周率上下限的。推测过程参考了王能超教授对这一问题的研究成果。

祖冲之的"缀术"可能用到的方法

首先,通过文献梳理和对祖冲之推导球面积公式的过程分析,他的证明风格和对开方术的改进十分严谨。基于此,我们合理猜测:

(1) 祖冲之采用了边心距算法来求圆周率

结合图 2-9,对于单位圆来说,在迭代割圆的过程中(初始为内接正六边形,即 $n=6$),边心距和圆内接多边形面积的递推公式分别为

$$c_{2n} = \sqrt{\frac{1+c_n}{2}} \qquad (2-24)$$

$$S_{2n} = \frac{S_n}{c_n} \qquad (2-25)$$

当割圆次数 $k=0$ 时,$c_6 = \frac{\sqrt{3}}{2}$,$S_6 = \frac{3\sqrt{3}}{2}$,则依次可算出 S_{12},S_{24},S_{48},$\cdots$。

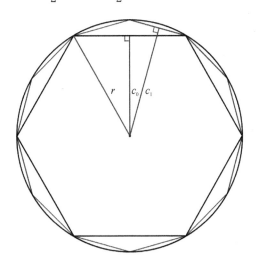

图 2-9　边心距求取圆周率

若半径为 r,则边心距、圆多边形面积和近似圆周率的递推公式分别为

$$c_{2n} = \sqrt{\frac{r^2+rc_n}{2}} \qquad (2-26)$$

$$S_{2n} = \frac{S_n}{c_n}r \qquad (2-27)$$

$$\pi \approx \frac{S_n}{c_n r} \qquad (2-28)$$

当割圆次数 $k=0$ 时, $c_6 = \frac{\sqrt{3}}{2} r$, $S_6 = \frac{3\sqrt{3}}{2} r^2$。

可以看出,随着割圆次数的增加,边心距逐渐趋于圆的半径。通过使用边心距递推的方法来计算圆周率,相较于刘徽所采用的边长计算公式,减少了一次开方,提升了开方迭代的收敛速度。此外,该方法避免了平方计算,并且不存在刘徽算法中的"坏条件"问题,显著降低了计算复杂性。使用边心距的圆周率计算过程如表 2-2 所列。

表 2-2   基于边心距的圆周率计算过程

割圆次数 k	边　数	边心距 $c_n = \sqrt{\dfrac{1+c_{n-1}}{2}}$	圆面积 $S_{2n} = \dfrac{S_n}{c_n}$	外推插值 $\hat{S}_{2n} = \dfrac{4S_{2n}-S_n}{3}$	幂率 $K_n = \dfrac{S_{2n}-S_n}{S_{4n}-S_{2n}}$
0	6	0.866 025 404	3.000 000 000		
1	12	0.965 925 826	3.105 828 541	3.141 104 722	
2	24	0.991 444 861	3.132 628 613	3.141 561 971	3.948 815 549
3	48	0.997 858 923	3.139 350 203	3.141 590 733	3.987 162 708
4	96	0.999 464 587	3.141 031 951	3.141 592 534	3.996 788 098
5	192	0.999 866 138	3.141 452 472	3.141 592 646	3.999 196 863
6	384	0.999 966 534	3.141 557 608	3.141 592 653	3.999 799 206
7	768	0.999 991 633	3.141 583 892	3.141 592 654	3.999 949 801
8	1 536	0.999 997 908	3.141 590 463		
9	3 072	0.999 999 477	3.141 592 106		
10	6 144	0.999 999 869	3.141 592 517		
11	12 288	0.999 999 967	3.141 592 619		
12	24 576	0.999 999 992	3.141 592 645		

(2)逐次增补高效迭代开平方算法

祖冲之提出了收敛到指定精度的逐次增补高效迭代开平方算法(补缀,缀术之一)。

在圆周率计算时涉及了高精度开平方运算问题。几乎可以确定,祖冲之在其《缀术》中已经给出了一种比刘徽算法效率更为高效的开平方和开立方的算法。

我们用现代数学语言来描述一下逐位迭代开方术。假设 $x^2 = A$,求 A 的平方根,设 x_0 为 A 的开方初值,然后应用迭代公式,表示为

$$x_{n+1} = x_n + \frac{\Delta_n}{2x_n} = x_n + \frac{A - x_n^2}{2x_n} \tag{2-29}$$

依次向前递推并叠加,转化为十进制来表示,其最高位与 A 开方值的最高位相同,则有

$$x_{n+1} = x_0 + \frac{\lambda_1}{10} + \frac{\lambda_2}{10^2} + \cdots + \frac{\lambda_n}{10^n} \qquad (2-30)$$

其中,$\dfrac{\lambda_1}{10} = \dfrac{\Delta_0}{2x_0} = \dfrac{A - x_0^2}{2x_0}$,$\dfrac{\lambda_2}{10^2} = \dfrac{\Delta_1}{2x_1} = \dfrac{A - x_1^2}{2x_1}$,$\cdots$,$\dfrac{\lambda_n}{10^n} = \dfrac{\Delta_{n-1}}{2x_{n-1}} = \dfrac{A - x_{n-1}^2}{2x_{n-1}}$。

可以看出,这一公式所描述的逐位开方法与 17 世纪牛顿提出的牛顿迭代法 $x_{n+1} = x_n - \dfrac{\Delta_n}{(A - x_n^2)'} = x_n + \dfrac{A - x_n^2}{2x_n}$ 的结果完全相同。从计算过程来看,它相当于把面积 A 进行和平方分解,找出面积对应正方形边长的每一位数字,实质上是运用出入相补原理来解决开方问题。

虽然刘徽描述了逐位开方法的计算思想,但祖冲之却归纳出了系统的算法。刘徽提出的"牟合方盖"概念,距离导出球体积公式仅一步之遥,这表明在系统性归纳算法方面,刘徽稍逊于祖冲之父子。因此我们判断,逐位开平方的系统算法是由祖冲之提出的。

(3) 优化刘徽的双侧逼近公式

祖冲之从面积差比率入手,优化刘徽的双侧逼近公式,加速了割圆术的递推收敛速度(补缀,缀术之二)。

尽管祖冲之掌握了高效快速的开平方算法,但他并未直接利用割圆至12 288边形计算圆周率的 7 位有效数字的上限和下限。据推测,祖冲之从出入相补法入手,对刘徽的双侧逼近公式作了进一步的优化,由正十二边形面积差比率来确定"率"消息,并利用每次增加的面积差来控制外推的精度。

结合图 2-10,以正六边形为例,经过割圆操作后,其边数变为 12,其面积较之前将增加 6 个绿色小三角形的面积。由此可知,正 n 边形经过割圆操作后边数会翻倍,其面积相较于之前多出 n 个小三角形的面积。若继续进行割圆操作,则会新增 $2n$ 个蓝色三角形的面积。若此过程无限进行下去,其数学表达式可表示为

$$\pi = S(n) + [S(2n) - S(n)] + [S(4n) - S(2n)] + [S(8n) - S(4(n)] + \cdots$$
$$(2-31)$$

对式(2-31)再进一步作等效变换,其表达式为

$$\pi = S(n) + [S(2n) - S(n)] + \frac{S(4n) - S(2n)}{S(2n) - S(n)}[S(2n) - S(n)] +$$
$$\frac{S(8n) - S(4n)}{S(4n) - S(2n)} \frac{S(4n) - S(2n)}{S(2n) - S(n)}[S(2n) - S(n)] + \cdots \qquad (2-32)$$

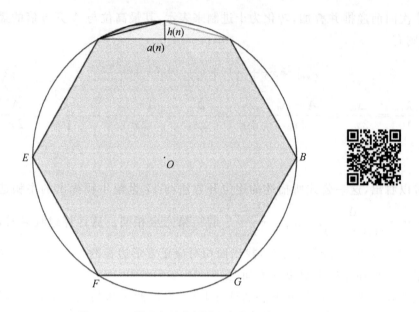

图 2 - 10　圆面积随着割圆边数增加的无限逼近过程

刘徽在其割圆术中提到了十二觚之幂率 $K(12)$，按照它的一般定义，我们利用公式 $K(n)=\dfrac{S(2n)-S(n)}{S(4n)-S(2n)}$，则式（2 - 32）变为

$$\pi=S(n)+[S(2n)-S(n)]+\frac{1}{K(n)}[S(2n)-S(n)]+$$

$$\frac{1}{K(n)K(2n)}[S(2n)-S(n)]+\cdots \qquad (2-33)$$

这里的 $K(n)$ 是割圆后的面积增量之比，我们结合图 2 - 10 来看看 $K(n)$ 的几何意义。不难看出，$K(n)$ 就是 n 个绿色三角的面积与 $2n$ 个蓝色三角形的面积之比。在此，定义绿色三角形底边上的高为 $h(n)$，则根据勾股定理，可以得出

$$h(n)=\frac{1}{2}[2-\sqrt{4-a^2(n)}] \qquad (2-34)$$

由几何关系得到

$$a(2n)=\sqrt{2h(n)} \qquad (2-35)$$

$h(n)$ 与 $h(2n)$ 之间存在以下关系：

$$\frac{h(n)}{h(2n)}=\frac{2-\sqrt{4-a^2(n)}}{2-\sqrt{4-a^2(2n)}}=\frac{2-\sqrt{4-a^2(n)}}{2-\sqrt{4-2+\sqrt{4-a^2(n)}}}$$

$$=2+\sqrt{2+\sqrt{4-a^2(n)}} \qquad (2-36)$$

显然，正 n 边形的边长 $a(n)$ 是随着 n 的增大而减小的一个正数，所以

$$\frac{h(n)}{h(2n)} < \frac{h(2n)}{h(4n)} < 4 \tag{2-37}$$

如此一来,对于 $K(n)$ 则有

$$K(n) = \frac{S(2n) - S(n)}{S(4n) - S(2n)} = \frac{a(n)h(n)}{2a(2n)h(2n)}$$

$$= \frac{1}{2} \frac{h(n)}{h(2n)} \sqrt{\frac{h(n/2)}{h(n)}} < 4 \tag{2-38}$$

通过式(2-38)还可以看出,$K(n)$ 随着 n 的增加而增大,即

$$K(2n) > K(n) \tag{2-39}$$

　　有了式(2-38)和式(2-39),我们就可以通过对式(2-33)进行处理估计圆周率的上限和下限。先考虑式(2-38),对式(2-33)进行缩小处理(用到了等比级数求和),则有

$$\pi > S(n) + [S(2n) - S(n)] + \frac{1}{4}[S(2n) - S(n)] +$$

$$\frac{1}{4^2}[S(2n) - S(n)] + \cdots = S(n) + \frac{4}{3}[S(2n) - S(n)] \tag{2-40}$$

式(2-40)整理一下,也可以写成:

$$S(2n) + \frac{1}{3}[S(2n) - S(n)] < \pi \tag{2-41}$$

　　该式中的 $\frac{1}{3}$ 相当于刘徽逼近公式中的松弛因子,修正后精度高了。利用式(2-33),对式(2-39)进行放大处理(用到了等比级数求和),得到对 π 的上限外推估计:

$$\pi < S(n) + [S(2n) - S(n)] + \frac{1}{K(n)}[S(2n) - S(n)] +$$

$$\frac{1}{K^2(n)}[S(2n) - S(n)] + \cdots$$

$$= S(n) + [S(2n) - S(n)]\frac{K(n)}{K(n) - 1}$$

$$= S(2n) + \frac{1}{K(n) - 1}[S(2n) - S(n)] \tag{2-42}$$

将式(2-41)、式(2-42)合写,则有

$$S(2n) + \frac{1}{3}[S(2n) - S(n)] < \pi < S(2n) + \frac{1}{K(n) - 1}[S(2n) - S(n)]$$

$$\tag{2-43}$$

　　至此,我们已经完成了对祖冲之缀术的推测,公式(2-43)也是对圆周率的双

侧逼近不等式，但优于刘徽的不等式（2-18）。假设祖冲之按上述思路，一般情况下可以得到不等式（2-43），那么只需在刘徽的基础上再进行一次迭代，也就是计算到正384边形（割圆6次），就可以得出：$3.141\,592\,646 < \pi < 3.141\,592\,684$。这是一个很精确的结果。证明了该方法不仅能精确估算圆周率，而且计算量不大，正好得出祖冲之精确到小数点后7位数的结果。

尽管上述对祖冲之所用方法的猜测，在两个等比级数求和环节可能超出了他那个时代的数学水平，但通过逐次求和修正，祖冲之完全可以得到式（2-43）中两个比率的高精度近似值。此外，《元史·历一》中记载，祖冲之利用冬至、夏至前后大致相同日子的日影准确判断交接时刻，并为元代郭守敬所采用，这表明祖冲之了解插值和外推，提出公式（2-43）是完全可能的。因此，这里对"缀术"求圆周率的算法推测与吴文俊院士提出的两条基本原则相符。

祖冲之的"缀术"在当时来说可谓玄妙，但无疑是非常先进的，其收敛阶次从二阶提升至四阶，提高了两阶。然而，在当今大学课程《数值计算方法》中，这只是很简单的外推加速技术。因此，著名数学史家克莱因在其著作《古今数学思想》中称："为不使资料漫无边际，我忽略了包括中国文化在内的几种文化，因为它们对数学思想的主流未产生重大影响。"然而，事实真的如此吗？

如果再进一步探究：刘徽和祖冲之在那个时代是如何想到加速迭代与松弛因子约为1/3的？一个更合理的猜想是，他们可能是通过直观分析数字领悟到的，而不是通过严格的逻辑推理。这种直觉和感悟被人称为智慧。擅长数学主流分析逻辑的西方数学家伊恩·斯图尔特曾说："数学的全部力量就在于直觉和严格性的巧妙结合。受控的思维和富有灵感的逻辑正是数学的魅力所在，也是数学教育者追求的方向。"他一针见血地指出："直觉是真正数学家赖以生存的东西。"同样，数学家迪厄多内也表示："富有创造性的科学家之所以与众不同，是因为他们对研究对象有着生动的构想和深刻的理解，这些构想和理解结合起来，就是所谓的直觉和感悟。"或许，真正对数学主流思想产生重大影响的正是人类的直觉思维，这也解释了为什么今天人们仍然尊敬刘徽和祖冲之。

扩展阅读

祖冲之（429—500年），范阳郡道（qiu）县（今河北涞水县）人，是南北朝时期杰出的数学家、天文学家和科学家，活跃于南朝的宋、齐两代。尽管他只担任过一些小官职，仕途并不显赫，但他却成为历史上为数不多的能名列正史的数学家之一。在天文学领域，祖冲之的主要贡献是制定了《大明历》，改进了前代天算历法家的不足，将"岁差"现象纳入历法编制，并制定了每391年设144个闰月的更为准确的置闰周期。他还推算出回归年长度为 365.242 814 8 日,与现代推算值仅差 46 秒。《大明历》所采用的一些基本天文常数,普遍达到了相当高的精度,被后世历法制定者长期沿用。此外,祖冲之还是一位机械发明家,相传他亲手制造了指南车、千里船和水碓磨等。

祖冲之在其著作《缀术》中阐述了求圆周率数值的方法,遗憾的是,《缀术》在战乱中遗失,未能流传下来。我们目前只能在《隋书·律历志》中找到相关记载。《隋书》记载:“宋末,南徐州从事史祖冲之,更开密法,以圆径一亿为一丈,圆周盈数三丈一尺四寸一分五厘九毫二秒七忽,朒数三丈一尺四寸一分五厘九毫二秒六忽,正数在盈朒二限之间。密率,圆径一百一十三,圆周三百五十五。约率,圆径七,周二十二。又设开差幂,开差立,兼以正圆参之。指要精密,算氏之最者也。所著之书,名为《缀术》,学官莫能究其深奥,是故废而不理。”尽管《隋书》中未详细记载祖冲之计算圆周率的具体方法,但确实记载了他计算圆周率的成果,并对圆周率的区间、密率和约率进行了详细描述。

2.5　圆周率计算几何法时期的成就

沿着历史的脉络,我们再来回顾一下圆周率计算几何法时期的辉煌成就:

公元前 2000 年,巴比伦人计算出 $\pi = 3\frac{1}{8} = 3.125$;埃及人计算出 $\pi = (16/9) \cdot (16/9) = 3.160\ 5$。

公元前 1200 年,中国人使用“径一周三”的方法得出 $\pi = 3$。

公元前 550 年,《旧约圣经》中记载 $\pi = 3$。

公元前 3 世纪,阿基米德运用穷竭法得出 $3\frac{10}{71} < \pi < 3\frac{1}{7}$,即 $3.140\ 845 < \pi < 3.142\ 857$。

公元 130 年,《后汉书》中张衡计算出 $\pi = \sqrt{10} \approx 3.16$。

公元 264 年,刘徽通过“割圆术”得出 $\pi \approx 3.141\ 6 = 3\ 927/1\ 250$,徽率 $\pi \approx 157/50 = 3.14$。

公元 400 年,印度人计算出 $\pi = 3.141\ 6$。

公元 5 世纪,祖冲之精确计算出 $3.141\ 592\ 6 < \pi < 3.141\ 592\ 7$,约率 $\pi = 22/7$,密率 $\pi = 355/113$,两个分数都是强近似。

1436 年之前,中亚的阿拉伯数学家阿尔·卡西将 π 计算至小数点后 16 位。

1573 年,德国数学家鄂图计算出 $\pi = 355/113$。

2.6　弦弧近似、圆周率计算与极限的关系

极限是微积分学的三大组成部分之一（微分学、积分学及应用和极限），正是极限概念的引入，为微积分学奠定了坚实的数学基础。

相较于微积分学的诞生，现代极限理论的形成稍晚，主要是指变量在特定的变化过程中，所呈现的逐渐稳定变化趋势以及所趋近的值（极限值）的性质。极限的概念最终由柯西（1789—1857 年）和魏尔斯特拉斯（1815—1897 年）等人进行了严格定义。其发展历程可划分几个阶段：

萌芽阶段：古希腊的穷竭法和刘徽的割圆术。

发展阶段：牛顿和莱布尼茨的工作，他们利用无穷小的概念提出了微积分、时间增量（用非常小的平均速度代替瞬时速度），但由于缺乏严格的数学基础，这一理论受到英国哲学家和大主教贝克莱的抨击和质疑。

完善阶段：捷克数学家波尔查诺把函数 $f(x)$ 的导数定义为差商的极限 $f'(x)$；柯西进一步阐释了极限和无穷小（以零为极限）的概念，而魏尔斯特拉斯最终给出了 $\varepsilon - N$ 语言，使极限问题得到了最终解决。

刘徽的"割圆术"中"割之弥细，所失弥少，割之又割，以至于不可割，则与圆合体，而无所失矣"，蕴含了极限的思想，但终究与极限概念擦肩而过。

为了准确阐释极限与微积分的关系，以下将给出定义和例子来加以说明。

数列极限的 $\varepsilon - N$ 定义：设 $\{x_n\}$ 为数列，x 为常数，若对任何的正数 ε，总存在自然数 N，使得当 $n > N$ 时，总有

$$|x_n - x| < \varepsilon \tag{2-45}$$

则称数列 $\{x_n\}$ 收敛于 x，常数 x 为数列 $\{x_n\}$ 的极限，并记作

$$\lim_{n \to \infty} x_n = x \tag{2-46}$$

若数列 $\{x_n\}$ 没有极限，则称 $\{x_n\}$ 不收敛或发散。

函数极限的 $\varepsilon - N$ 定义：设函数 $f(x)$ 在点 x_0 的某一去心邻域内有定义，如果存在常数 A，对于任意给定的正数 ε（无论它多么小），总存在正数 δ，使得当 x 满足不等式 $0 < |x - x_0| < \delta$ 时，对应的函数值 $f(x)$ 都满足不等式：

$$|f(x) - A| < \varepsilon \tag{2-47}$$

那么常数 A 称为函数 $f(x)$ 当 $x \to x_0$ 时的极限，记作

$$\lim_{x \to x_0} f(x) = A \tag{2-48}$$

注：① 函数极限与 $f(x)$ 在点 x_0 处是否有定义无关；

　　② δ 与任意给定的正数 ε 有关。

【例题 2 - 1】　证明：当 $x_0 > 0$ 时，$\lim\limits_{x \to x_0} \sqrt{x} = \sqrt{x_0}$。

证明　因为

$$\left| f(x) - A \right| = \left| \sqrt{x} - \sqrt{x_0} \right| = \left| \frac{x - x_0}{\sqrt{x} + \sqrt{x_0}} \right| \leqslant \frac{\left| x - x_0 \right|}{\sqrt{x_0}} \qquad (2-49)$$

任意给定 $\varepsilon > 0$，要使 $\left| f(x) - A \right| < \varepsilon$，只要 $\left| x - x_0 \right| < \sqrt{x_0}\,\varepsilon$ 且不取负值。

如图 2 - 11 所示，取 $\delta = \min \left\{ x_0, \sqrt{x_0}\,\varepsilon \right\}$，当 $0 < \left| x - x_0 \right| < \delta$ 时，就有 $\left| \sqrt{x} - \sqrt{x_0} \right| < \varepsilon$。所以

$$\lim\limits_{x \to x_0} \sqrt{x} = \sqrt{x_0} \qquad (2-50)$$

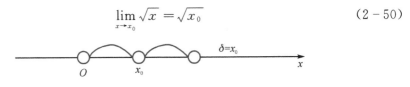

图 2 - 11　δ 的两种取值情况

【例题 2 - 2】　证明　$\lim\limits_{x \to 0} \dfrac{\sin x}{x} = 1$。

对于这个证明，如果直接用定义证明则比较困难，在这里我们引入两边夹定理：

如果函数 $f(x)$、$h(x)$、$g(x)$ 在同一变化过程中满足

$$h(x) \leqslant f(x) \leqslant g(x) \qquad (2-51)$$

且

$$\lim h(x) = \lim g(x) = A \qquad (2-52)$$

那么

$$\lim f(x) = A \qquad (2-53)$$

使用两边夹定理证明例题 2 - 2。

证明　如图 2 - 12 所示，在单位圆中

$$\angle AOB = x，\quad \overset{\frown}{DA} = x，\quad DC = \sin x，\quad AB = \tan x$$

所以

$$\sin x < x < \tan x \qquad (2-54)$$

等价变换后可得

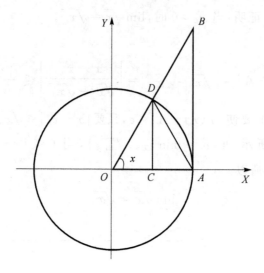

图 2 - 12　例题 2 - 2 图例

$$\cos x < \frac{\sin x}{x} < 1 \qquad (2-55)$$

要使用两边夹定理证明 $\lim\limits_{x\to 0}\dfrac{\sin x}{x}=1$，则需要证明

$$\lim_{x\to 0^+}\frac{\sin x}{x}=1 \text{ 及} \lim_{x\to 0^-}\frac{\sin x}{x}=1$$

因为

$$\lim_{x\to 0^+}\cos x=1 \qquad (2-56)$$

所以

$$\lim_{x\to 0^+}\frac{\sin x}{x}=1 \qquad (2-57)$$

而

$$\frac{\sin(-x)}{-x}=\frac{\sin x}{x} \qquad (2-58)$$

所以

$$\lim_{x\to 0^-}\frac{\sin x}{x}=1 \qquad (2-59)$$

故

$$\lim_{x\to 0}\frac{\sin x}{x}=1 \qquad (2-60)$$

参考文献

[1] 李大潜.圆周率 π 漫话[M].北京:高等教育出版社,2007.

[2] 张美霞,代钦.关于圆周率 $\pi=\dfrac{3\,927}{1\,250}$ 作者之争[J].数学通报,2015,54(7):58-63.

[3] 李兆华.中国数学史基础[M].天津:天津教育出版社,2010.

[4] 陈传淼.刘徽数学思想的新认识——纪念刘徽"割圆术"1753 周年[J].数学的实际与认识,2016,46(19):274-287.

[5] 骆祖英.吴文俊与中国数学史研究[J].中国科技史料,1993,14(2):59-65.

[6] 陈久金.调日法研究[J].自然科学史研究,1984,(3):245-250.

[7] 尤明庆.割圆术确定圆周率方法的改进:祖冲之确定圆周率过程之猜测[J].安阳师范学院学报,2003(2):11-12,14.

[8] 王振东,姜楠.祖冲之与圆周率[J].力学与实践,2015,37(3):404-408.

[9] 王能超.刘徽数学"割圆术":奇效的刘徽外推[M].武汉:华中科技大学出版社,2016.

[10] 钱宝琮.中国数学史[M].北京:商务印书馆,2019.

习　　题

1. 沈括在"会圆术"中给出了弓形弧长计算公式,该公式以弦长 b、弓形高 h 和圆直径 d 表示弓形弧长 s,即 $s=b+2h^2/d$,但沈括并未给出证明。后世学者依据《九章算术》中的弧田术弓形面积公式 $A=0.5h(b+h)$ 对上式进行了证明,请根据提示完成证明。

2. 在计算圆周率时,阿基米德的方法与刘徽割圆术有何相似与不同之处?要达到相同的精度时,哪种方法的计算量更少?

3. 根据课程所介绍的刘徽计算圆周率的思想和方法,针对单位圆写出计算圆周率所涉及的递推数学计算公式,编写程序(可选 C、VB、MATLAB 或 Python 任意一种语言)计算至内接正 3 072 边形,列出直接计算和双侧逼近公式$\left(\text{即由正 }2n\text{ 边形与正 }n\text{ 边形进行松弛因子为 }\dfrac{1}{3}\text{ 的内插计算}\right)$的结果,并分析两者的收敛精度。

第3章 欧洲数学的兴起与
微积分的形成过程

3.1 古代欧洲数学

欧洲文明的起源有多种说法,普遍认为它是由多种古代文明融合演变而成。回顾历史,不难发现古希腊和古罗马文明对其影响最大,而这两大文明也有其根源,可追溯至四大古代源生文明。"四大文明古国"最早是由梁启超提出,他认为"地球上古文明国家有四",即古埃及、古巴比伦(位于小亚细亚)、古印度和中国。这四大文明分别依托于两河流域、尼罗河流域、恒河流域和黄河流域,孕育了世界上古老的文明。随着时光的推移,古埃及和古巴比伦文明在地中海遇合变迁形成了古希腊文明,古巴比伦和古印度文明在陆地的遇合变迁形成了波斯文明。古罗马文明起源于意大利亚平宁半岛,在人口迁徙和帝国扩张的过程中,吸收了同时期的多种文明,尤其是继承了诸多古希腊文明的成就。阿拉伯文明主要源于波斯文明和古罗马文明,并在一定程度上融合了华夏文明。华夏文明虽然历经战火和朝代更迭,却从未中断,一直延续至今。

3.1.1 古巴比伦与古埃及文明对数学的贡献

古巴比伦文明(公元前 4000—公元前 330 年)是两河流域文明的重要组成部分,这一文明还包括苏美尔文明和阿卡德文明等。在数学方面,古巴比伦人做出了显著贡献,包括数字、六十进制、分数、算术运算、平方根、代数、一元二次方程、面积和体积的计算等。古巴比伦的数学成就在早期文明中达到了极高的水平,但是对数学的理解主要基于观察和经验,缺乏理论基础。

古埃及文明(公元前 3500—公元前 332 年)位于非洲东北部的尼罗河中下游地区(今中东地区)。古埃及人在数学方面取得了突出成就,从现存的古埃及数学纸草文献如"莫斯科纸草书"和"兰德纸草书"中可以看出,古埃及人的数学知识涵盖了算术、代数和几何。其具体贡献主要有整数、小数、分数的算术运算,一次和二次方程,以及圆面积的计算公式 $A = (8d/9)^2$,即 $\pi = 256/81 = 3.160\ 5$。然而,这些数学知识主要用于解决商贸和工程管理人员的需求,而求解方法则是从工作经验中得出的实用法则,还没有上升为系统的理论。

3.1.2　古希腊文明对数学的贡献

古希腊在数学史上有着卓越的地位,尽管其起源并没有明确的文献记载。最早在希腊和欧洲国家发展的先进文明是米诺斯文明和后来的迈锡尼文明,这两者都在公元前 2000 年间逐渐兴盛,但没有留下任何与数学有关的文献。尽管没有直接的证据,但研究人员普遍认为邻近的巴比伦和埃及文明均对年轻的古希腊传统产生了影响。希腊离两大河谷文明比较近,易于吸收那里的文化。当大批游历埃及和巴比伦的希腊商人、学者返回故乡时,他们带回了那里的数学知识。在城邦社会特有的唯理主义氛围中,这些经验性的算术和几何法则被提升到具有逻辑结构的论证数学体系中。然而,关于早期古希腊数学的相关信息非常少,几乎所有流传下来的资料都是公元前 4 世纪中叶由当时的学者记录的。古希腊数学的发展可分为前段古典希腊时期和后段亚历山大时期两个阶段。

1. 古典希腊时期

古典希腊时期(公元前 700—公元前 300 年)的文明发源地是小亚细亚的爱奥尼亚地区米利都城。最初受到埃及和巴比伦的影响,公元前 775 年出现文字,文字的出现标志着这一时期的开始。到了公元前 479 年以后,活动中心转移到雅典地区。数学在这一时期以伊奥尼亚学派(Ionians)的泰勒斯(Thales)为首,其贡献在于开创了命题证明,为建立几何演绎体系迈出了第一步。随后,毕达哥拉斯(Pythagoras)领导的学派兴起,这个带有神秘色彩的政治、宗教和哲学团体,以"万物皆数"为信条,将数学理论从具体事物中抽象出来,赋予数学特殊而独立的地位。公元前 480 年以后,雅典成为希腊的政治和文化中心,各种学术思想竞相绽放,演说和辩论时有所见。在这种气氛下,数学开始突破个别学派的局限,实现思想的碰撞与交融。哲学家柏拉图(Plato)在雅典创立了著名的柏拉图学园,培养了一大批数学家,成为早期毕达哥拉斯学派和后来长期活跃的亚历山大学派之间的纽带。欧多克斯(Eudoxus)是学园中最杰出的人物之一,他创立了同时适用于可通约量及不可通约量的比例理论。柏拉图的学生亚里士多德(Aristotle)是形式主义的奠基者,其逻辑思想为日后将几何学纳入严密逻辑体系铺平了道路。

从文献资料来看,公元前 7 世纪出现了草片纸。古典希腊时期的数学著作主要来源于东罗马帝国拜占廷时期的希腊文手抄本,这也是人们质疑古典希腊文明的一个焦点(缺乏出土文物作为佐证)。这一时期的主要数学贡献包括:

- 《几何原本》和《圆锥曲线》中的工作,尽管这些著作的本身是在亚历山大时期整理出来的。
- 代表性研究方法有穷竭法和归谬法(反证法)。

- 毕达哥拉斯(公元前580—公元前500年)提出了数学抽象研究的概念,使数学开始独立成为一个研究门类,同时他证明了勾股定理,并研究了各种图形的数(数列的前身)。
- 亚里士多德(公元前384—公元前322年)提出了包括定义、公理、公设和定理的几何体系,并创立了逻辑学,提出了数学的两大主要研究方法:演绎证明法和归纳法。
- 埃利亚学派的芝诺(公元前490—公元前425年)提出了四个著名的悖论(二分说、追龟说、飞箭静止说、运动场问题),促使哲学家和数学家深入思考无穷的问题。

此外,智人学派还提出了几何作图的三大问题:化圆为方、倍立方体、三等分任意角。希腊人的数学研究可以从理论上解决这些问题,标志着几何学从实际应用向演绎体系又近了一步。正因为三大问题不能用标尺解出,研究者才得以进入未知领域,取得新的发现。例如,圆锥曲线的研究就是最典型的例子,"化圆为方"问题也引发了圆周率和穷竭法的探讨。

2. 亚历山大时期

亚历山大时期(公元前300—公元前212年)是古希腊数学的辉煌时期,代表人物是欧几里得、阿基米德和阿波罗尼奥斯。

欧几里得(公元前330—公元前275年)早年在雅典学习,大约公元前300年应托勒密一世之邀来到亚历山大,成为亚历山大学派的奠基人。他总结了古典希腊数学,撰写了13卷的《几何原本》,其中第1~6卷讲的是平面几何,第7~9卷讨论数论,第10卷讨论无理数,第11~13卷讨论立体几何。全书共收录了465个命题,使用了5条公设和5条公理。书中提出的有关几何学和数论的几乎所有定理在他之前就已为人所知,使用的证明方法也大体相似。但他对这些已知材料做了整理和系统的阐述,包括对各种公理和公设的适当选择,这项工作需要非凡的判断力和洞察力。欧几里得因此被公认为古希腊几何学的集大成者。《几何原本》问世后,在世界各地出版了上千个版本,堪称集合论证的光辉典范。思想家们也为其完整的演绎推理结构所折服,其公理化的思想和方法历经沧桑而流传千古,影响之大堪比圣经。值得一提的是,由于亚历山大图书馆先后被罗马军队和激进的基督徒烧毁,这部著作最完整的拉丁文版本是从阿拉伯文版本转译的。1607年明朝万历年间,意大利传教士利玛窦和中国学者徐光启翻译了《几何原本》的前6卷,1866年清朝数学家李善兰与英国传教士伟烈亚合作完成了较为完整的中译本。时至今日,《几何原本》仍被认为是历史上最成功的教科书,在全球范围使用至今。所有初等几何的书籍都是抄录《原本》或转抄该书。欧几里得的《几何原本》诞生过程如图3-1所示。

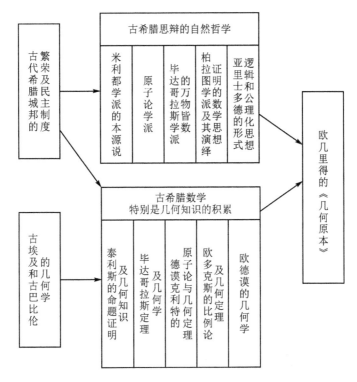

图 3-1　欧几里得的《几何原本》诞生过程

　　阿基米德是古希腊最伟大的天文学家、物理学家、数学家,也是静力学和流体力学的奠基人。他将实验的经验研究方法和几何学的演绎推理方法有机地结合起来,使力学科学化。其中,他的一项重大贡献是建立了物理学中的杠杆理论与重心理论,并提出了流体力学中的浮力定律;在数学领域,阿基米德同样取得了光辉灿烂的成就,特别是在几何学方面,他提出了通过圆内接和外切多边形面积逼近 π 的计算方法,对面积、体积、三角术、曲线等领域的研究做出了重要贡献。他的墓碑上刻有一个圆柱内切球的图形,以纪念他在几何学上的卓越成就。

　　阿波罗尼奥斯(约公元前 262—公元前 190 年),出生于古代黑海与地中海之间的安纳托利亚地区,年轻时曾前往亚历山大跟随欧几里得的后继者学习。他的成就与欧几里得、阿基米德齐名。他的著作《圆锥曲线论》是一部经典巨著,代表了当时希腊几何的最高水平。此书的数学思想集前人之大成,还提出了很多新的性质。阿波罗尼奥斯推广了梅内克缪斯(公元前 4 世纪,最早系统研究圆锥曲线的希腊数学家)的方法,证明了三种圆锥曲线都可以由同一个圆锥体截取,并为抛物线、椭圆、双曲线这些曲线命名。书中已显现出坐标制思想,他以圆锥体底面直径作为横坐标,过顶点的垂线作为纵坐标,为后世坐标几何建立的重要启示。在解释太阳系内五大行星的运动时,他提出了本轮-均轮偏心模型,为托勒密的地心说提供了理论工具。

此外,赫伦的《几何》、尼科马修斯的《算术入门》和丢番图的《算术》在当时也颇受人们的追捧。不同于古巴比伦和古埃及数学的注重实效,希腊数学具有两个显著的特点:一是抽象化和演绎精神,二是它与哲学的关系非常密切。正如克莱因所言,埃及人和巴比伦人所积累的数学知识就像空中楼阁或沙子堆砌的房屋,一触即溃;而希腊人建造的则是坚不可摧、永恒的宫殿。

公元前 146 年,古罗马征服了古希腊,在那以后,随着罗马帝国的扩张,雅典及其他许多城市的学术研究迅速衰落。最终,在公元 640 年,古希腊文明被彻底摧毁。

扩展阅读

用归谬法(反证法)证明圆面积与直径的平方成正比。

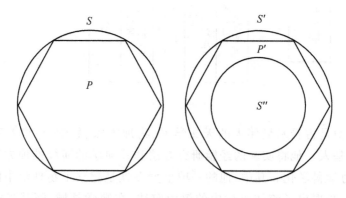

反证法图例

设 S 和 S' 是两圆面积,直径分别为 d 和 d',需要证明

$$S : S' = d^2 : d'^2$$

假设存在 S'' 使得上式成立。分别作 S 内接多边形 P 和 S' 的内接多边形 P',有 $S' > P' > S''$。又因为 $P : P' = d^2 : d'^2 = S : S''$,所以有 $S : P = S'' : P'$。但因 $P < S$,于是 $P' < S''$,而这与 $S' > P' > S''$ 矛盾,所以,$S'' < S'$ 的假设不成立。同理可证 $S'' > S'$ 也不成立。因此 $S'' = S'$,即 $S : S' = d^2 : d'^2$。

此结论说明两个圆的面积比等于直径比的平方,两个不同的圆,其面积与直径平方之比为一常数。

3.1.3 古罗马文明对数学的贡献

古罗马文明是西方文明的另一个重要源头,它起源于意大利中部的台伯河入海处,在建立和扩展其版图的过程中,吸收和借鉴了先前诸多古代文明的成就。在西方文明的发展史中,古罗马文明起着承前启后的作用。

古罗马文明的辉煌时期与古希腊文明重叠。从公元前 200 年开始,古罗马与古希腊有了密切接触,尽管在长达 1 100 年的历史中,古罗马并没有出过一位数学家。古罗马数学采用了十二进制,并改进了日历,将数学有效地用于水渠、桥梁和建筑的建设。公元前 47 年,亚历山大港的舰队和图书馆在战火中被摧毁,所幸留下了那些无法存放在图书馆中的图籍。对数学来说,灾难性的事件发生在公元 392 年,当时古罗马国王宣布基督教为国教,导致大量希腊书籍被焚毁。希腊文明的典籍仅在东罗马拜占廷少量保存,并在中世纪晚期重新传入欧洲。

3.1.4 欧洲文明变迁

在古巴比伦、古埃及、古希腊和古罗马的盛极之时,早期欧洲(1—5 世纪)尚处于原始文明阶段。当时日耳曼和哥特人既不会书写也没有知识,在人类文明史上没有留下显著的成就。公元 4 世纪,在一次次的战争中日耳曼人被迫西迁。公元 5 世纪,西罗马被占领,导致古罗马文明瓦解,欧洲进入了漫长的中世纪。

欧洲中世纪开始于公元 476 年西罗马帝国的灭亡,结束于 15 世纪。这1 000 年的历史大致可以划分为两个阶段。11 世纪之前被称为黑暗时代,这时西欧在基督教神学和经院哲学[①]的教条统治下,思想自由受到限制,墨守成规,技术进步缓慢。中世纪初期,西罗马帝国并入欧洲版图,天主教会势力扩大。这一时期数学处于停滞状态,《圣经》是人们唯一能够学习研究的百科全书,而数学是这个时期受到最大排斥的学科之一,因为人们常常把它与异教徒的星相术混淆,当时的法典中甚至明确禁止学习和研究数学。

到了中世纪后期(12—15 世纪),一股新的知识潮流以强劲的势头涌入欧洲。通过与阿拉伯人和东罗马帝国的贸易和旅游,欧洲人开始了解阿拉伯和古希腊的数学。希腊人的学术著作在被阿拉伯人保存数个世纪以后,又完好无损地传回欧洲,这便是科学史上著名的翻译时代。人们开始怀疑神学,并对探索自然现象产生浓厚的兴趣。学校开始教授一些算术、几何、音乐和天文方面的知识。

[①] 经院哲学是中世纪欧洲在基督教神学院中发展起来的一种哲学与神学体系,其核心是用理性探索信仰问题,试图调和古典哲学与基督教教义。

1100—1300年,欧洲学者前往阿拉伯地区和东罗马帝国学习并翻译古希腊的数学著作。除了欧几里得的《几何原本》、托勒密的《地理志》、阿基米德的《圆的度量》和阿波罗尼奥斯的《圆锥曲线论》等希腊经典著作以外,还有阿拉伯人的学术结晶,如花拉子密的《代数学》。古希腊和阿拉伯学术思想的传入导致欧洲自然科学知识急剧膨胀和知识领域的重新划分。经院哲学家以古典思维理性综合亚里士多德哲学和基督教神学理论,引起有关物质世界的形而上学思维的理性化和逻辑化。同样重要的是,出现了有关"实验在科学研究中的必要性,以及数学应当作为科学研究及其理论的基础"的观点。这些为后来近代科学的兴起提供了有意义的观念和实践范例。

在这一时期,欧洲学者中的代表人物有格罗斯泰特和罗杰·培根。格罗斯泰特(1168—1253年)对基督教神学和物理学、天文、地理、法律、医学都有研究,他提出了基于实验和数学演绎寻找因果关系的研究方法,并著有《科学概论》。罗杰·培根(1214—1293年),作为英国具有唯物主义倾向的哲学家和自然科学家,实验科学的前驱,他系统性地建立了实验科学方法。

与中世纪欧洲并存的东罗马帝国(即拜占廷,395—1453年)是一个信奉东正教的帝制国家。其核心地区位于欧洲东南部的巴尔干半岛,领土曾包括亚洲西部和北非,鼎盛时还囊括了意大利、叙利亚、巴勒斯坦、埃及、高加索和北非的地中海沿岸,是古代和中世纪欧洲最悠久的君主制国家。拜占廷人继承了古希腊人重视科学和教育的传统。算术、几何、音乐和天文被视为"四艺",哲学、修辞学、古希腊语也是学童的必修科目。神学虽属于高等教育的范畴,但普通民众对其关注程度非常高,经常可以看到激烈的神学辩论。在应用科学方面,与筑城相关的土木工程学、与军事相关的冶金学和地理学,以及制作"希腊火"所需的化学知识都得到了高度发展,但这类知识并不向公众普及,而是作为机密科目向特定的学生传授。

东罗马帝国于1453年被土耳其征服。1453年5月,奥斯曼土耳其苏丹穆罕默德二世攻陷君士坦丁堡,而拜占廷帝国的灭亡也预示着欧洲中世纪的结束。

东罗马帝国的文化和宗教对今日的东欧各国有着很大的影响,其保存下来的古希腊和古罗马史料、著作和理性的哲学思想也为中世纪欧洲突破天主教神权束缚提供了最直接的动力,引发了文艺复兴运动,并对人类历史产生了深远的影响。从文明发展溯源的角度来看,欧洲文明主体的变迁大致如图 3-2 所示。

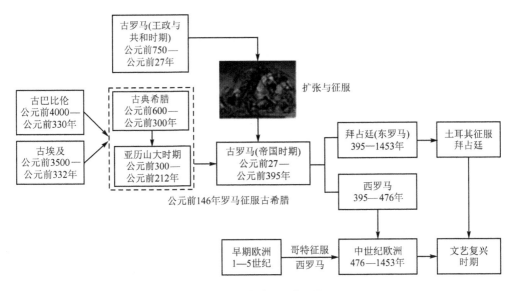

图 3-2　欧洲文明变迁图

3.1.5　欧洲文艺复兴与欧洲数学兴起

从 14 世纪中期到 16 世纪末,欧洲历史上的这一时期在欧洲称为文艺复兴时期。当时,人们普遍认为,文艺在古典希腊、罗马时期曾高度繁荣,但在"黑暗时代"中世纪时期衰落湮没,直到 14 世纪之后才重新焕发活力,实现了"再生"与"复兴",故这一时期称为"文艺复兴"(Renaissance)。Renaissance 一词源自法语,意为"新生"。

文艺复兴运动最初在意大利的各城邦中兴起,随后扩展到西欧各国,并在 16 世纪达到顶峰,标志着近代欧洲历史的开端,被视为中古时代与近代的分界。这一时期的知识分子重新审视了古典学术、智慧和价值观,从中汲取灵感,并借助复兴古希腊和罗马文化的形式来表达自己的文化主张,着重表明了新文化以古典文化为师的一面,而非单纯的古典文化复兴。因此,文艺复兴也被认为是西欧近代三大思想解放运动(文艺复兴、宗教改革与启蒙运动)之一。在这一时期,欧洲,特别是西欧,经历了思想的大解放、生产力的大发展、社会的大进步,包括数学在内的科学、文化、技术领域也随之复苏并逐步繁荣起来。自那时起,欧洲的数学开始走到世界的前列,并长期成为世界数学发展的核心。

这一时期在天文、物理、数学等自然科学方面的代表性成就包括:

① 波兰天文学家尼古拉·哥白尼于 1543 年出版了《天体运行论》,在该著作中提出了与托勒密地心说体系不同的日心说体系。

② 伽利略·伽利莱于 1609 年发明了天文望远镜,并于 1610 年出版了《星界

信使》，1632 年又出版了《关于托勒密和哥白尼两大世界体系的对话》。

③ 德国天文学家开普勒对他的老师第谷的观测数据进行了深入研究，发现行星绕太阳运转是沿着椭圆形轨道进行的，并据此提出了著名的行星运动的三大定律。

④ 由于绘画的需要，艾伯蒂发表了《论绘画》，这一作品推动了数学透视几何的发展。

⑤ 代数学在文艺复兴时期也取得了重要进展，意大利人卡尔达诺在其著作《大术》中给出了三次方程的求根公式；邦贝利阐述了三次方程不可约的情形，并使用了虚数，还改进了当时流行的代数符号。

⑥ 代数学的符号是由 16 世纪的法国数学家韦达所确立的。他于 1591 年出版了《分析方法入门》，系统地整理了代数学，并首次使用字母来表示未知数和已知数。韦达改进了三次方程和四次方程的解法，并建立了二次方程和三次方程的根与系数之间的关系，即著名的韦达定理。此外，他还提出了圆周率的无理数乘积逼近法，通过数字 2 的运算来逼近圆周率的值。

$$\frac{2}{\pi} = \sqrt{\frac{1}{2}} \sqrt{\frac{1}{2}+\frac{1}{2}\sqrt{\frac{1}{2}}} \sqrt{\frac{1}{2}+\frac{1}{2}\sqrt{\frac{1}{2}+\frac{1}{2}\sqrt{\frac{1}{2}}}} \cdots$$

⑦ 三角学从天文学中分离出来，成为了一门独立的学科。德国数学家雷格蒙塔努斯的《论各种三角形》是欧洲第一部独立于天文学的三角学著作，书中对平面三角和球面三角进行了系统的阐述。哥白尼的学生雷蒂库斯在重新定义三角函数的基础上，制作了更多精密的三角函数表，为三角学的发展注入了新的动力。

⑧ 法国哲学家笛卡儿于 1637 年在建立了坐标系之后，成功地创立了解析几何学。

⑨ 费马建立了求切线、极大值和极小值以及定积分的方法，为微积分的研究奠定了坚实的基础。同时，他还将不定方程的研究限定在整数范围内，从而开启了数论这门数学分支。他与帕斯卡在通信和著作中建立了概率论的基本原则——数学期望的概念。

3.2 费马和笛卡儿的坐标几何（解析几何）

从本质上讲，近代数学就是关于变量的数学，这也是它与古代数学的区别所在。解析几何的诞生是变量数学发展的第一个里程碑，它是人类首次将几何图形和代数式联系在一起，人们不但获得了便捷的证明方法，还意识到数学的每个分支都是相通的。解析几何的诞生促使数学家们开始关注变量和函数的研究，为微积分学的创立搭建了舞台。

解析几何的创立应该归功于两位法国数学家——笛卡儿和费马。笛卡儿于 1637 年以其哲学著作《方法论》附录的形式发表了《几何学》，书中论述了代数与几何的结合，并证明了几何结构与代数运算的等价性。他系统性地提出了坐标的概念，确立了点与实数的对应关系，从而把"形"（点、线、面）和"数"统一起来，变量几何从此诞生。因此，笛卡儿也被后人尊称为"解析几何之父"。与笛卡儿不同，费马则致力于恢复古希腊几何学家阿波罗尼奥斯的失传著作《平面轨迹》，他用代数方法补充了关于轨迹的证明，并对圆锥曲线理论进行了总结和整理，提出了轨迹图像（曲线）的概念。1629 年费马撰写了《平面与立体轨迹引论》（1679 年出版），他在书中强调了轨迹的方程和用方程表示曲线的思想，并以现代形式呈现了直线、圆、椭圆、抛物线、双曲线等方程。笛卡儿和费马所建立的坐标系并不是唯一的坐标系。1671 年，即费马的坐标几何原理发表两年之后，英国数学家牛顿也建立了自己的坐标系——极坐标系。中学阶段我们已经知道，某些几何图形用极坐标表现比用笛卡儿坐标表现更为简洁，如阿基米德螺线、悬链线、心脏线、三叶或四叶玫瑰线等。

解析几何不仅将代数方法应用于几何，而且将变量引入了数学之中，为微积分学的建立铺平了道路。然而，真正起关键作用的还是函数概念的确立。伽利略在研究自由落体和单摆运动时发现了等时性原理，并在力学研究中应用了函数。直到 1673 年，莱布尼茨在其手稿中明确提出了函数的概念，并用 function 一词来表示"一个随曲线上的点的变动而变动的量"的规律性变化，同时认定该曲线是由一个方程式给出的。值得一提的是，瑞士数学家欧拉在 1734 年引入了使用记号 $f(x)$ 来表示函数的做法：

$$y = f(x)$$

那时函数已经成为微积分学的中心概念。

1656 年第一本科技期刊《学者》在法国巴黎创刊，为科学知识的传播提供了条件。

3.3　17 世纪欧洲数学和微积分的创立

3.3.1　促使微积分创立的需求

17 世纪中叶，字母表示数、函数的概念以及解析几何、变量数学的出现，为微积分的诞生奠定了数学基础。英国数学家、物理学家牛顿和德国数学家莱布尼茨在前人经验的基础上，分别在力学和几何学的研究过程中，独立提出了导数和积分的概念及其运算法则，阐明了求导数和求积分是互逆的两种运算，并在很大程度上建立了微积分这一学科分支。

微积分成为一门独立学科,其建立时间是在 17 世纪,但是,微积分尤其是积分学的萌芽可以追溯到古代。前文已经谈到,自古以来,数学家们一直对面积、体积的计算持续抱有浓厚兴趣。在古希腊、中国和古印度的文献中,不乏利用无限小的过程计算特殊形状的面积、体积以及曲线长度的实例。比如,祖冲之父子和阿基米德均先后成功地求出了球体的体积;而芝诺的悖论则表明,一个普通的常量也可以被无限划分。在微分学方面,阿基米德和阿波罗尼奥斯分别讨论过螺线和圆锥曲线的切线问题,但这些探讨都只是个别的或静态的分析。微积分的创立,主要是为了解决 17 世纪面临的以下四类科学问题。

① 已知物体移动的距离可表示为时间的函数,求该物体的速度和加速度及相应的反问题;

② 求曲线的切线,既可用于确定运动物体在某一点的运动方向,也可计算光线进入透镜时与法线的夹角;

③ 求函数的极值,既可用于计算炮弹的最大射程发射角,也可用于求得行星与太阳之间的最近和最远的距离;

④ 天体物理学、物理学和几何学中的曲线长度、曲线所围面积、曲面所围体积和重心等计算问题。

可以说,正是对第①类并不复杂的动力学问题的探索,促使牛顿创立了微积分学。牛顿于 1671 年撰写了《流数术和无穷级数》(于 1736 年出版)。他在书中提出,变量是由点、线、面的连续运动产生的。这些连续变量称为流动量,而流动量的导数称为流数。牛顿在流数术中所提出的中心问题是:已知物体连续运动的路径,求给定时刻的速度(微分法);已知运动的速度,求给定时间内所经过的路程(积分法)。

以 x^3 为例,牛顿对导数的定义可以表述为:设 x 的增量为 h,函数 x^3 的增量为 $3x^2h + 3xh^2 + h^3$,将函数增量除以自变量增量得到 $3x^2 + 3xh + h^2$,然后让 $h = 0$ 就是导数(牛顿称之为流数)。由于推导过程中存在偷换假设的问题,这一定义受到了贝克莱等人的质疑,直到柯西提出极限概念后,该问题才得到解决。

相比之下,莱布尼茨的微积分理论发现时间晚于牛顿,但他发表在前(分别于 1684 年和 1686 年),这导致了一场旷日持久的优先权之争。莱布尼茨于 1684 年发表了被认为是最早的微分学文献,该文献因定义了基本微分法则和微分符号 $\mathrm{d}x$、$\mathrm{d}y$ 而具有划时代的意义。1686 年,莱布尼茨发表了第一篇积分学文献。他所创立的积分符号 $\int$ 第一次出现在印刷出版物上,也是今天我们所使用的通用积分符号。

微积分学的创立在数学发展史上具有划时代的意义。过去很多初等数学束手无策的问题,运用微积分往往能够迎刃而解。与此同时,微积分对其他学科和工程技术的发展也产生了深远的影响,它提供了精确分析变化和动态过程的工具,推动了科学理论的深化,促进了工程技术的精准高效发展,成为科学规律探索、工程系统设计、经济模型构建和社会资源优化等众多领域中不可或缺的数学基石,极大地推动了人类社会的进步。

3.3.2　费马对微积分的贡献

皮埃尔・德・费马(Pierre de Fermat,1601—1665 年),一位生活在 17 世纪法国的职业律师和业余数学家。他在数学上的成就堪比专业的数学家,在数论、解析几何、微积分和概率论等领域都取得了杰出成就,被誉为"业余数学家之王"。17 世纪的欧洲,正值科学大发展时期,数学作为各学科的基础,很多科学家在研究时都需要运用数学工具,至少有数十位科学家为微积分的发明做了奠基性的工作。但在众多科学家当中,费马仍然值得一提。费马在前人研究的基础上,建立了求切线,求极大值、极小值及定积分的方法,为微积分的建立作出了重大贡献。

在牛顿之前,费马已给出了曲线切线和函数极值的求法。如图 3-3 所示,令 $PQ = f(x)$,在 x 方向存在一个小的增量 $PR = E$,则 $P_1Q_1 = f(x+E)$。费马假定 E 足够小时 P_1R 近似等于 T_1R,利用相似三角形知识,导出

$$TQ = \frac{E \cdot f(x)}{f(x+E) - f(x)}$$

$$\frac{T_1R}{PR} = \frac{f(x+E) - f(x)}{E}$$

然后让 $E \to 0$,得到 TQ 和切线斜率。TQ 的物理意义为 TP 投影。

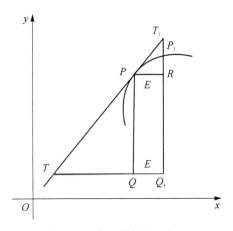

图 3-3　费马的相似三角形

费马还给出了求函数极值的方法,并提供了一个例子:在已知线段上找出一点,使得该点分成的两部分线段组成的矩形面积最大。费马指出,函数取得极值时该点均分线段,如图 3-4 所示。

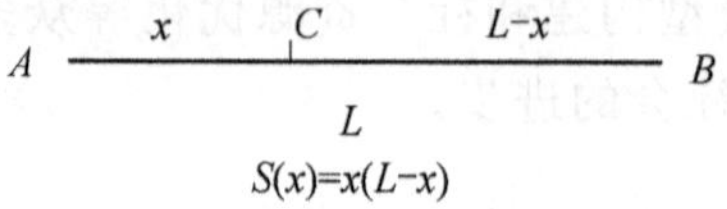

$$A \underset{}{\underset{L}{\rule{0pt}{0pt}}} \quad x \quad C \quad L{-}x \quad B$$

$$S(x)=x(L-x)$$

图 3-4　费马的函数极值

3.3.3　牛顿对微积分的贡献

牛顿(1642—1727 年),英国杰出的数学家、物理学家、天文学家和自然哲学家。在数学上牛顿最卓越的贡献是创立了微积分。

1661 年,牛顿进入剑桥大学三一学院,受教于巴罗。在此期间,他阅读了笛卡儿的《几何学》和沃利斯的《无穷算术》等重要数学著作,这些学习经历为他后续研究微积分奠定了基础。1664 年秋,牛顿开始研究微积分问题,并在家乡躲避瘟疫期间取得了突破性进展。他从运动学的角度出发,关注物体运动的变化,思考如何用数学方法描述物体的瞬时速度和加速度等概念,这促使他对曲线的切线以及曲线下面积问题进行深入研究,而这正是微积分的两个核心问题。1666年,牛顿将过去两年的研究成果整理成一篇名为《流数简论》的总结性论文,这是历史上第一篇系统阐述微积分的文献。在《流数简论》中,牛顿以运动学为背景提出了微积分的基本问题,发明了"正流数术"(微分)。他把变量称为"流"(fluent),把变量的变化率称为"流数"(fluxion),相当于现在的导数,"流数术"一说由此而来。牛顿还从确定面积的变化率入手,通过反微分计算面积,建立了"反流数术"。他明确揭示了面积计算与求切线问题的互逆关系,并将其作为微积分普遍算法的基础,论述了"微积分基本定理",也就是牛顿-莱布尼茨定理,从而把自古以来求解无穷小问题的各种方法和特殊技巧有机地统一起来。当然,《流数简论》中对微积分基本定理的论述还不能算是现代意义下的严格证明。1671 年,牛顿在一本《流数法与无穷级数》的书里给出了更广泛且明确的说明。与此同时,牛顿也将他的正、反流数术应用于切线、曲率、拐点、曲线长度、引力和引力中心等问题的计算。可是,牛顿也像费马一样,不愿意发表其研究结果,《流数法与无穷级数》一书直至他逝世后的 1736 年才得以正式出版。

1687 年,牛顿出版了其力学领域的巨著《自然哲学的数学原理》,这部著作中包含了微积分学说。尽管该书在表述上采用了几何学的形式,没有立即获得学术界认可,但这并不影响其成为近代最伟大的科学著作之一,仅凭万有引力定律的建立和开普勒三大行星定律的严格数学推导,就足以使这部著作流芳百世了。

在书中,牛顿运用微积分的方法和思想,对天体力学和物体运动等问题进行了深入研究和精确描述,进一步展示了微积分在物理学中的巨大应用价值。

3.3.4　莱布尼茨对微积分的贡献

莱布尼茨(1646—1716 年),德国著名的数学家、哲学家。他是历史上少见的通才,被誉为 17 世纪的亚里士多德。他在微积分、代数、几何等领域都有突出贡献,提出了函数概念和利用行列式解决线性方程组的方法。他还发明了二进制和机械计算器,并对精算学和形式逻辑进行了研究。此外,莱布尼茨还是拓扑学的先驱,他的思想和研究对整个西方文化产生了深远的影响。

莱布尼茨与牛顿并称为微积分学的创始人。他在治学上思想奔放,厚积薄发。1672—1677 年间,他写下了大量的数学笔记,与牛顿的流数术的运动学背景不同,莱布尼茨是从几何学的角度出发,引入了常量、变量与参变量等概念,完成了微积分的基本计算理论。他研究了巴罗的著作,理解到微分和积分是互逆的运算,在笔记中他断言:作为求和过程的积分是微分的逆。他创造了微分符号 dx、dy,并指出“d”意味着差,用 dy 表示相邻 y 值的差,即曲线上相邻两点的纵坐标之差,并认为 dx 和 dy 可以任意小。他还给出积分符号 $\int$,并明确指出 $\int$ 是 Sum 的首字母的拉长形式,意味着求和。

早在 1666 年,莱布尼茨在《论组合的艺术》中讨论过数列问题并得到许多重要结论。大约从 1672 年开始,莱布尼茨将他在数列研究方面的结果与微积分运算联系起来。借助于笛卡儿坐标系,他把曲线上无穷多个点的纵坐标表示成 y 的数列,而对应的横坐标点就是 x 的数列。如果以 x 作为确定纵坐标的次序,再考虑任意两个相继的 y 值之差的数列,莱布尼茨惊喜地发现,“求切线不过是求差,求积不过是求和”。随后,莱布尼茨从离散的差值逐步过渡到任意函数的增量,其最初的灵感来源于帕斯卡尔的一篇谈论圆的论文。如图 3-5 所示,在曲线 c 上任取一点 P 作一个特征小三角形(其斜边与切线平行),再利用相似三角形的边长比例关系,可推导出 $\dfrac{ds}{n}=\dfrac{dx}{y}$,这里 n 表示曲线 c 在 P 点的法线。通过求和,可得 $\int y\,ds=\int n\,dx$。由于当时他只是用文字来描述这一思想,因此显得较为含糊。直到 1677 年,莱布尼茨在其手稿中明确陈述了微积分基本定理:给定一条曲线,其纵坐标为 y,求该曲线下的面积。只需求出一条纵坐标为 z 的曲线,使其切线的斜率为 $\dfrac{dz}{dx}=y$,如果是在区间 $[a,b]$ 上,由 $[0,b]$ 上的面积减去 $[0,a]$ 上的面积,便得到如下公式:

$$\int_a^b y\,\mathrm{d}x = z(b) - z(a)$$

这个公式就是我们所熟悉的牛顿-莱布尼茨公式。

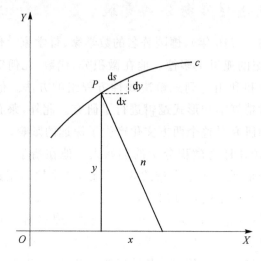

图 3 - 5　莱布尼茨的微分学思想

　　1684 年莱布尼茨发表了他的第一篇微分学论文,题目为《一种求极大极小和切线的新方法,它也适用于分式和无理量,以及这种新方法的奇妙类型的计算》(简称《新方法》),刊登在《教师学报》上。该论文也是数学史上第一篇正式发表的微积分文献,莱布尼茨在其中总结了自 1673 年以来的微分学研究成果,明确阐述了函数的和、差、积、商、乘幂与方根的微分公式,还展示了微分法在求极大值、极小值、拐点以及光学等方面的广泛应用。1686 年,莱布尼茨又发表了他的第一篇积分学论文《深奥的几何与不可分量及无限的分析》,这篇论文初步论述了积分或求积问题与微分或切线问题的互逆关系,并给出了摆线方程

$$y = \sqrt{2x - x^2} + \int \frac{\mathrm{d}x}{\sqrt{2x - x^2}}$$

　　莱布尼茨认识到,好用的数学符号能够有效减少思维的劳动强度,而运用符号的技巧实为数学成就的关键因素之一。因此,他所创设的微积分符号相较于牛顿的符号具有显著优势,这对微积分学的发展产生了深远的影响。1714 年至1716 年间,莱布尼茨起草了《微积分的历史和起源》一文(1846 年方得发表),在文中他总结了自己创立微积分学的思路,阐述了其成就的独立性。莱布尼茨的贡献不仅限于数学领域,还广泛涉及哲学、历史、政治等多个领域。他在微积分理论、拓扑学和哲学方面的研究成果和思想,至今仍在启发和影响着我们的世界。

3.3.5　牛顿微积分和莱布尼茨微积分方法的比较

牛顿的微积分研究源于对物理力学的探讨,在很大程度上是为了解决力学中的特定问题,特别是这样三个问题。第一个问题是加速度、速度和距离的关系。这三者的关系唯有通过微积分方能得以准确描述,也就是说,加速度是速度的导数,速度又是距离的导数。第二个问题是动量、动能和撞击力的关系。动量是动能的导数,撞击力是动量的导数。第三个是天体运行的向心加速度问题,它是速度的导数,而万有引力则是向心加速度的来源。从这里可以看出,牛顿最初关于微积分的思想,特别是导数的部分,是直接服务于物理学的。虽然他后来也将微积分普遍化,但是由于他所采用的符号还有导数的痕迹,以及不方便表达微积分的特点,今天的学者们已经不再沿用这些符号。此外,对于微积分中的一些具体的概念,牛顿讲得也不是很清晰。

与牛顿不同,莱布尼茨的微积分从哲学角度出发。他的哲学思想和逻辑思想概括起来有两点:首先,所有的概念都是由非常小的、简单的概念复合而成,它们如同字母或者数字,构成了人类思维的基本单位。这在微积分上反映出他提出了微分 dx、dy 这样无穷小的概念。其次,简单概念复合成复杂概念的过程是计算。比如在计算曲线和坐标轴之间的面积时,莱布尼茨的方法是把这个不规则形状拆分成很小的单元,然后通过加法计算把它们组合起来。基于这样的哲学思想,莱布尼茨把微积分看成是一种纯数学工具,它能够将宏观的数量拆解为微观的单元,再将微观的单元合并为宏观的累积。因此,可以说莱布尼茨是从另一个角度解读了微积分。

在数学上,莱布尼茨不仅深入研究微积分,还发明了二进制,为人类贡献了另一套便于计算的进制。此外,他还致力于改进机械计算机。从他一生所做的诸多和数学相关的研究工作来看,莱布尼茨实际上将计算看成是从简单世界通往复杂世界的必经之路。正是因为他在哲学层面对数学的探索,使得莱布尼茨的微积分要比牛顿的更严格一些。

在评价一项发明时,单纯追溯其最早的发明者往往意义不大,更重要的是要看谁做出了具体的贡献。在这方面,莱布尼茨当之无愧是微积分的发明人之一。至于他没有提到牛顿的贡献,这不仅与他个人的风格和习惯有关,还因为宗教观点上的分歧使得他不认可牛顿在物理学上的很多理论。不过,莱布尼茨私下对牛顿的评价极高。1701 年,也就是在双方就微积分的发明权开始论战后,当普鲁士国王腓特烈大帝询问莱布尼茨对牛顿的看法时,莱布尼茨讲:"在从世界开始到牛顿生活的时代的全部数学中,牛顿的工作超过了一半。"这既是对牛顿在数学领域卓越贡献的高度认可,也反映了牛顿在数学史上的重要地位。

由此我们可以得出：牛顿研究微积分时是从运动学的角度入手，而莱布尼茨则是侧重于从几何学的角度来考虑。两位学者在研究方法上的主要共同点与区别如下：

① 他们都是在代数的概念上建立了微积分，使用的记号和方法便于将微积分应用于各种物理问题。

② 他们都将面积、体积等问题视为求和问题，并将其归结为反微分（即积分），这样速率、切线、极值、求和四大问题就统一于微积分的范围内。

③ 牛顿把导数看成 x 和 y 的无穷小增量的比值（即流数），而莱布尼茨则直接探究两个无穷小量之间的关系；牛顿注重求流数，莱布尼茨则更注重求和。

④ 牛顿习惯用级数表示函数，而莱布尼茨更倾向于用有限的形式表达；牛顿的研究重点在于微积分的应用，而莱布尼茨更注重建立一套严密的符号体系。

围绕微积分的发明权归属，牛顿和莱布尼茨之间展开了论战，调查结果表明两人都是独立发明者。但这场争论使数学界分成英国和欧洲大陆两大对立阵营，影响了英国数学的发展。值得注意的是，两位数学家的微积分概念都不严密，直到 19 世纪极限的严格定义被提出后，这一问题才得到了彻底解决。

参考文献

[1] 梁衍章,姚春峰.欧几里得《几何原本》溯源[J].哈尔滨师范大学自然科学学报,1987(1):94-100.

[2] 欧几里得.几何原本[M].2版.兰纪正,朱恩宽,译.西安:陕西科学技术出版社,2003:667-671.

[3] 何平.中世纪后期欧洲科学发展及其再评价[J].史学理论研究,2010(4):88-99.

[4] 蔡天新.数学传奇:那些难以企及的人物[M].北京:商务印书馆,2016.

[5] 张景中.数学哲学[M].北京:北京师范大学出版社,2018.

[6] 谢风媛,崔贺.数学的故事[M].北京:化学工业出版社,2016.

习　　题

1. 在微积分的创立过程中，哪些数学概念和方法是关键性的？它们是如何被发展和完善的？

2. 在微积分的创立过程中，牛顿与莱布尼茨各自做出了哪些主要贡献？他们的方法有何异同？这对微积分的后续发展产生了怎样不同的影响？

3. 费马在研究求切线、求极值等问题时,提出了一种重要的方法。他考虑函数 $f(x)$,设 x 取得一个微小增量 E,则函数变为 $f(x+E)$。在函数取极值的点处,费马认为 $f(x)$ 与 $f(x+E)$ 近似相等(当 E 足够小时)。已知函数 $y=x^2-4x+5$,运用上述费马的方法,求该函数的极值点。思考费马的方法与现代微积分中利用导数求极值的方法之间存在哪些联系与区别?该方法对微积分的创立具有怎样的重要意义?

(提示:首先根据费马的方法,列出 $y(x)$ 与 $y(x+E)$ 近似相等的等式(忽略 E 的高阶无穷小)。对等式进行化简求解,得出 x 与 E 的关系。当 E 趋于 0 时,求出 x 的值,即函数的极值点。)

4. 牛顿和莱布尼茨创立的微积分存在哪些逻辑上的不足?这些不足是如何引发第二次数学危机的?在完善微积分的理论体系过程中,哪些数学家作出了重要贡献,请简述其关键理论和概念的作用与意义。

第4章 微积分解决实际问题的思想和方法

4.1 微积分的基本概念

数学学科中包含了许多大类,例如我们自小学阶段就开始学习的算术、几何,以及后来的代数学、线性代数、概率论等。其中微积分在整个数学体系中占据着极其重要的地位。微积分思想的产生及其发展与实际问题的研究紧密相关,无论是在科学探索还是工程实践中,它都发挥了重要作用。与代数学、几何学不同,微积分学关注的是事物的动态变化过程,通过对变化趋势的研究来探寻其内涵。因此,微积分学不仅支撑了近代数学的发展,而且对数学之外的诸多学科产生了深远的影响,在众多领域中都能看到微积分思想的存在。

微积分学(源自拉丁语 Calculus)主要包括微分学和积分学两个部分,是高等数学中研究函数的微分(Differentiation)、积分(Integration)以及有关概念和应用的数学分支,是数学基础学科之一。本质上讲,微积分学是一门研究连续变化的学问。它的内容涵盖了极限、微分、积分和微积分的应用。

微积分学是在代数学和几何学的基础上建立起来的。微分是对函数在局部情况下的变化率的一种线性描述,包括求导数及其运算,是一套关于变化率的理论。在实际应用中,微分使得函数、速度、加速度和斜率等相关问题均可用一套通用的符号进行演绎。而积分是微积分学与数学分析中的一个核心概念,包括定积分和不定积分,应用积分学的相关知识可以为长度、面积、体积等的定义和计算提供一套通用的方法。根据微积分的基本定理,可以清晰地判定微分和不定积分互为逆运算,这也是为什么这两种理论能够统一为微积分学。

在微分和积分这两种运算中,微分的中心思想是无穷分割。在几何意义上,我们可以用自变量趋于零时的割线代替切线。这里的割线就是曲线的弦,我们把弦的极限视为切线,即微元曲线的长度。这种思想也体现在函数求导的运算过程中,求导时我们以自变量趋于零时函数值的变化率作为导数。下式即为函数求导的定义式:

$$\frac{\mathrm{d}y}{\mathrm{d}x} = \lim_{\Delta x \to 0} \frac{f(x + \Delta x) - f(x)}{\Delta x} \tag{4-1}$$

与微分不同,积分研究各种求和问题,其基本思想是先分割取近似,然后求和取极限得到结果。在实际应用中,为了求曲线在某一区间内的长度,我们首先将曲线视为众多微元曲线,通过在该区间内对这些微元曲线进行积分,就可以求得曲线的总长度。下式体现了利用微元曲线求积分的思想,用以表示函数的积分过程:

$$\int_a^b f(x)\,\mathrm{d}x = \lim_{n\to 0}\sum_{k=0}^{n-1} f\left(a + k\,\frac{b-a}{n}\right)\frac{b-a}{n} \tag{4-2}$$

式中, f 是曲线的导数函数。

4.2　微积分解决实际问题的方法与推广应用

4.2.1　方法和过程

微积分是探索事物变化规律与动态过程的数学工具,当我们想要应用微积分思想解决实际问题时,可遵循以下三个步骤:

① 建立模型:将实际问题转化为可运用数学方法研究的模型,即用数学语言描述待求的问题。首先需要确定所研究问题中的变化量,找出变化量之间的函数关系,确定变量的变化范围。

② 对于微分问题:求取建立好的函数模型的导数,通过对导数的处理解决所提出的问题。

③ 对于积分问题:将模型化成多个微元,首先在微元上解决待求问题(写成微元表达式),然后通过在一定区间范围求积分,得到整个问题的结果(即应用"分割取近似、求和取极限"的思想)。

下面通过两个例子具体展示使用微积分方法解决问题的过程。

【例题 4-1】　如图 4-1 所示,假设某物体从高为 h 处以自由落体的方式下降,初速度为 0,该物体可视为质点,忽略空气阻力,重力加速度为 g,求该物体落地时的瞬时速度。

解　首先,需要确定物体运动的函数关系。已知物体做自由落体运动,其加速度恒等于重力加速度 g。根据物理学的相关知识,我们可以得出以下函数关系式,即加速度是速度对时间求导所得的函数:

$$\frac{\mathrm{d}v}{\mathrm{d}t} = g \tag{4-3}$$

可得

$$\mathrm{d}v = g\,\mathrm{d}t \tag{4-4}$$

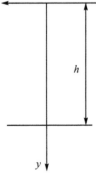

图 4-1　自由落体模型

也就是说,对于每一个速度微元 $\mathrm{d}v$,都有式(4-4)所示的函数关系。对式(4-4)两边同时积分,可得

$$\int_0^t \mathrm{d}v = \int_0^t g\,\mathrm{d}t \tag{4-5}$$

计算积分,可得

$$v = gt \tag{4-6}$$

同理,我们可以得到速度与位移之间的关系,速度是位移对时间求导所得的函数:

$$v = \frac{\mathrm{d}y}{\mathrm{d}t} \tag{4-7}$$

代入式(4-6),得到位移微元的函数表达式 $\mathrm{d}y = gt\,\mathrm{d}t$,然后两边同时积分,可得

$$\int_0^y \mathrm{d}y = \int_0^t gt\,\mathrm{d}t \tag{4-8}$$

计算积分,可得

$$y = \frac{1}{2}gt^2 \tag{4-9}$$

本例题中需要求解物体落地时的瞬时速度,我们知道在落地时:

$$y = h \tag{4-10}$$

联立以上结果求解可得落地所用时间:

$$t = \sqrt{\frac{2h}{g}} \tag{4-11}$$

代入式(4-6)可求得物体落地时的瞬时速度为

$$v = \sqrt{2gh} \tag{4-12}$$

这个例子较为简单,即使不采用微积分,运用我们已有的知识,比如能量守恒,也可以快速得到结果。然而,如果将此处的自由落体运动改为指定变加速运动,例题的求解过程仍然适用,我们只需要将物理定律和已知条件按照建模方法将问题转化为数学模型,就可以用微积分的方法来求解。因此,掌握数学建模的一般过程极为重要。

【例题 4-2】 一条任意曲线和 x 轴围成了一个曲边梯形,试求该曲边梯形绕 x 轴旋转一周所形成的旋转体的体积。

解 需要先确定该问题中曲线的函数关系,即

$$y = f(x) \tag{4-13}$$

绘制曲边梯形如图 4-2 所示,在图示曲线中取一段微元,该微元曲线旋转后所形成的体积微元可以看作是以 $f(x)$ 为半径、$\mathrm{d}x$ 为高的圆柱体,故其体积表达式为

$$dV = \pi f^2(x)dx \qquad\qquad (4-14)$$

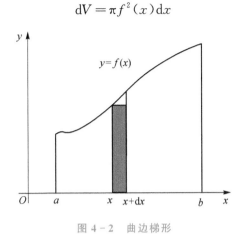

图 4 - 2　曲边梯形

在区间 $[a,b]$ 上对微元体积 dV 做积分,即可得到旋转体的体积,其计算公式为

$$V = \int_a^b \pi f^2(x)dx \int_a^b A(x)dx \qquad\qquad (4-15)$$

式中,$A(x)$ 是以 $f(x)$ 为半径的圆面积。

在这个例子中应用了祖暅原理的思想,即两个平行平面之间的几何体若截面积同则体积等。

4.2.2　微积分学的推广应用

微积分学的发展及其应用对现代生活的各个领域都产生了深远的影响。

从 17 世纪开始,随着社会的进步和生产力的发展,以及诸如航海、天文学、矿山建设、生物学等诸多领域的课题需要解决,数学作为人类对事物的抽象结构与模式进行严格描述的一种通用手段,亦开启了对变化量的更深入的研究。由此,数学进入了"变量数学"的时代。微积分作为研究变化率的理论,正式成为数学的一个重要分支,并在诸多领域得到广泛应用。微积分使得数学可以在变化率与总变化量之间实现互相转化,当我们已知其中一项时,便能求出另一项,这使得它成为众多学科探索规律和解决问题的有力工具。

1. 微积分学在物理学领域的应用

在物理学领域,古典力学、热力学以及电磁学都需要借助微积分来表达和分析,诸如速度、加速度、总作用力、力矩、重心、转动惯量、功、功率、压强、密度等物理量都与微积分学有着密不可分的联系。麦克斯韦的电磁学方程以及爱因斯坦的广义相对论都应用了微分学原理。

以变力做功问题为例,质点在恒力 F 作用下,沿直线运动位移 Δr 过程中产

生功 $A = \boldsymbol{F} \cdot \Delta r$。然而,在一般情况下,质点会沿着曲线从 a 移动到 b,且在运动过程中作用于质点的力,其大小和方向都可能不断改变。为了计算力 $\boldsymbol{F}$ 对质点所做的功,我们可以将轨道曲线划分成许多微小线段,这些线段被称为位移元 $\mathrm{d}r$。接着,计算出力 $\boldsymbol{F}$ 在每一个位移元上所做的元功,然后将整个路径上的所有元功求和。由于位移元 $\mathrm{d}r$ 极小,所以每一个位移元都可以近似看成直线段,而作用在质点上的力均可视为恒力。这样质点所做的元功为 $\mathrm{d}A = \boldsymbol{F} \cdot \mathrm{d}r$。变力所做的总功就是全部元功的和,此时 $\boldsymbol{F}$ 是 r 的函数,写成积分的形式就是:$A = \int_a^b \boldsymbol{F}(r)\mathrm{d}r$。因此,通过微积分的方法,可以将物理问题中变化的量转化为不变的量,先求微元再求和,从而求得变力在整个物理过程中所做的总功,使原本复杂的问题得以简单化。

2. 微积分学在几何学领域的应用

在数学的另一分支几何学中,微积分常用于确定切线、法线,以及计算几何体的面积、体积、曲率半径、弧长等。以计算不规则几何体的体积为例,若已知其平行截面的面积函数 $A(x), x \in [a,b]$,在平行平面 $x=a,x=b$ 之间将 $[a,b]$ 无限等分,并依据平行截面在 $\mathrm{d}x$ 上构成的微元体积加和求极限,可得到几何体的体积,写成积分的形式就是:$V = \int_a^b A(x)\mathrm{d}x$。阿基米德和祖冲之父子在推导球体积公式时,正是运用了这一思想。

3. 微积分学在运筹学领域的应用

微积分也可用于运筹学相关模型的分析,比如求最短路径、最佳成本、最优规划等问题。例如,在研究企业生产成本最小化问题时,通过建立成本函数并运用微分法,可以找到最小成本点。

4. 微积分学在生物学领域的应用

微积分在生物学领域亦有广泛应用,如建立生物学模型和解决生物学问题,包括细胞生长模型、基因表达模型、生物传感器以及药物输送系统的优化。例如,在生物进化和种群动态研究中,利用微积分可以分析生物种群的增长规律。假设自然增长率为常数 λ,且种群增量与种群量成正比 $\mathrm{d}N = \lambda N\mathrm{d}t$,可得 Malthus 模型 $\dfrac{\mathrm{d}N}{\mathrm{d}t} = \lambda N$。设在初始时刻 $N|_{t=0} = N_0$,求解该模型可得 $N_{(t)} = N_0 \mathrm{e}^{\lambda t}$。英国经济学家马尔萨斯曾用该模型来描述人口增长规律,但因未考虑死亡、疾病和生存资源等因素的影响,这个模型与人口统计数据并不匹配,更适合描述地广人稀地区的种群。

5. 微积分学在天文学与空间科学领域的应用

微积分对于研究天体运动、形状、质量分布及物理过程等方面具有重要作用,并在天文观测和数据处理中有着广泛应用。引力定律和开普勒行星运动三定律的推导中都有微积分的存在。在爱因斯坦的理论中,万有引力被定义为时空的弯曲,广义相对论的微分方程不仅预测了宇宙的膨胀和黑洞的存在,而且最终通过天文观测得到了证实。

　　这只是微积分应用的一小部分示例,实际上,微积分在自然科学与社会科学的诸多领域都发挥着重要的作用。它的基本概念和技术为我们解决各类问题提供了强大的工具和方法。

4.3　18 世纪欧洲数学家对微积分的贡献

　　对于在科学领域走在前列的西欧诸国来说,从文艺复兴到 18 世纪的过渡相对平稳。得益于和平繁荣的环境,17 世纪所创立的微积分在其后的很长一段时间里得到了快速发展,并催生了许多新的数学分支,包括常微分方程、偏微分方程、变分法、微分几何和代数方程论等,从而形成了"分析"这样一个在观念和方法上都具有鲜明特征的新领域。在数学史上,18 世纪被称为"分析的时代",同时也是向现代数学发展的重要过渡时期。18 世纪数学家的数量超过了以往任何时候,即便是天才云集的 17 世纪也不例外。我们在课本上常见到的数学巨匠,如欧拉、拉格朗日、拉普拉斯、泰勒、傅里叶等,都出现于这一时期,他们所取得的数学成就也超乎人们的想象。

4.3.1　莱昂哈德·欧拉

　　在 18 世纪中叶,欧拉创立了微分方程、重积分以及曲面理论,是变分法、刚体力学、流体力学和弹性力学的奠基人。欧拉把函数定义为由一个变量与若干常量通过某种形式形成的解析表达式,由此概括了多项式、幂级数、指数、对数、三角函数,乃至多元函数。此外,欧拉将函数的代数运算分成两类,即包含四则运算的有理运算和包含开方根的无理运算。欧拉还将虚数的幂进行了定义,公式如下:

$$e^{jx} = \cos x + j\sin x \qquad (4-16)$$

这就是著名的欧拉公式,它构成了指数函数理论的核心。如果令 $x = \pi$,就可以得到欧拉恒等式:

$$e^{j\pi} = -1 \qquad (4-17)$$

欧拉恒等式巧妙地将两个超越数和虚数单位结合在一起,被理查德·费曼称为"最卓越的数学公式"。

　　此外,欧拉对级数的研究也颇有贡献。以调和级数为例,最早证明调和级数

发散的是法国数学家奥雷斯姆(Oresme),他于 1360 年便发现:

$$1+\frac{1}{2}+\frac{1}{3}+\frac{1}{4}+\frac{1}{5}+\cdots+\frac{1}{n}+\cdots \geqslant$$

$$\frac{1}{2}+\frac{1}{2}+\left(\frac{1}{4}+\frac{1}{4}\right)+\left(\frac{1}{8}+\frac{1}{8}+\frac{1}{8}+\frac{1}{8}\right)+\cdots \qquad (4-18)$$

上式中,通过加括号的整理方法,可以发现括号内每项都是 1/2。当这些无限多项相加时,结果呈发散趋势,故而得证。

欧拉于 1734 年给出

$$1+\frac{1}{2}+\frac{1}{3}+\frac{1}{4}+\frac{1}{5}+\cdots+\frac{1}{n}=\log(n+1)+C \qquad (4-19)$$

式中,C 为欧拉常数,近似值为 0.577 215 664 901 532 860 606 512 09,当 n 趋近于无穷大时,稍作变换可得

$$C=\lim_{n\to\infty}\left(1+\frac{1}{2}+\frac{1}{3}+\frac{1}{4}+\frac{1}{5}+\cdots+\frac{1}{n}-\log(n)\right) \qquad (4-20)$$

今天我们还不知道它是有理数还是无理数。

虽然欧拉从没担任过教职,但他无疑是一位出色的教科书作者。他所著的《无限分析引论》《微分学原理》《积分学原理》均为数学史上的重要里程碑,其中包含了他本人的大量创新,在很长一段时间里它们被当作分析课本的典范。此外,欧拉在彼得堡科学院任职期间,还为俄国编写了初等数学教程,并协助政府进行度量衡制度改革,设计了计算税率、年金和养老保险等的公式。在科学史上欧拉是最多产的一位数学家,共写下了 886 篇著作,包括书籍和论文,其中分析学、代数学、数论占 40%,几何学占 18%,物理学和力学占 28%,天文学占 11%,弹道学、航海学、建筑学等占 3%。彼得堡科学院为了整理他的著作,足足忙碌了 47 年。

扩展阅读

莱昂哈德·欧拉(1707—1783 年)是 18 世纪杰出的瑞士数学家和物理学家,被公认为是纯粹数学的奠基人之一,也是历史上最卓越、最多产的科学家之一。他被同时代的数学家誉为"分析的化身"。除此之外,他在数论、几何学、拓扑学、力学诸方面均有重大的原创性贡献,并将这些成果广泛应用于物理学和工程技术领域。欧拉曾有言:凡是我们头脑能够理解的,彼此都是相互关联的。法国数学家皮埃尔-西蒙·拉普拉斯曾这样赞誉:"学习欧拉吧,他是我们所有人的老师。"

4.3.2　约瑟夫 · 拉格朗日

据说拉格朗日 19 岁时就被任命为都灵皇家炮兵学院的数学教授,在数学领域从此展开了他的辉煌篇章。到 25 岁,拉格朗日已跻身于世界最伟大的数学家之列。拉格朗日还是分析力学的奠基人,1755 年他研究并发展了变分法。同年 8 月,拉格朗日在写给欧拉的信中,给出了用纯分析方法求变分极值的提要,并随后将变分法应用于力学研究,他曾解释过月球的天平动效应,即月球为何总是以同一面朝向地球。拉格朗日在他的著作《分析力学》中,建立了包括被后人称作拉格朗日方程的动力学一般方程,并融入了他在微分方程、偏微分方程和变分法方面的一些著名成果,这其中就包括著名的拉格朗日中值定理。作为微积分中的重要定理之一,它阐述了在一定条件下函数在某个区间内的平均变化率与其在该区间内某一点的导数之间存在关系,广泛应用于求解函数的极值、优化问题等。拉格朗日一生才华横溢,在数学、物理学和天文学等诸多领域取得了卓越成就。拿破仑执政期间,亦常拜访拉格朗日,谈论数学和哲学,对他才华曾这样赞叹:"拉格朗日是数学科学领域中高耸的金字塔。"

扩展阅读

约瑟夫 · 拉格朗日(J. L. Lagrange, 1736—1813 年),一位法国籍意大利裔数学家和天文学家。拉格朗日曾为普鲁士的腓特烈大帝在柏林工作了 20 年,期间被腓特烈大帝称作"欧洲最伟大的数学家"。随后,他应法国国王路易十六的邀请定居巴黎直至逝世。

4.3.3　布鲁克 · 泰勒

泰勒的主要著作是 1715 年出版的《正的和反的增量方法》。该书阐述了他于 1712 年 7 月致其老师梅钦(一位数学家和天文学家)的信中所提出的著名定理——泰勒定理(Taylor's theorem)。泰勒定理描述了一个可微函数,如果函数足够光滑,并已知函数在某一点的各阶导数值,那么可以利用这些导数值作为系数构建一个多项式,来近似表示该函数在这一点的邻域中的值。这一定理可以写为泰勒公式(Taylor's formula),而其中的多项式则被称为泰勒多项式(Taylor polynomial)。

$$f(x) = f(x_0) + f^{(1)}(x_0)(x - x_0) + \frac{f^{(2)}(x_0)}{2!}(x - x_0)^2 + \cdots +$$

$$\frac{f^{(n)}(x_0)}{n!}(x - x_0)^n + \cdots \tag{4-21}$$

无限项连加的泰勒多项式又称为泰勒级数(Taylor series),这些相加的项由函数在某一点的导数求得。对于一个以实数或以复数作为变量,并且具有无穷可微性质的函数 $f(x)$,在实数或复数 a 的邻域内,它的泰勒级数是幂级数,具体表示为 $\sum\limits_{n=0}^{\infty} \frac{f^{(n)}(a)}{n!}(x - a)^n$。

扩展阅读

布鲁克·泰勒(Brook Taylor,
1685—1731 年),一位杰出的英国数
学家,也是 18 世纪早期英国牛顿学
派最优秀代表人物之一,出生于英格
兰米德萨斯郡。他主要以泰勒公式
和泰勒级数的贡献而闻名。

4.4　利用微积分方法计算圆周率

微积分的出现对圆周率的计算起了巨大的推动作用。人们告别以多边形面积或周长计算圆周率的几何法时期,进入以微积分方法计算圆周率的分析法计算时期,计算精度和速度显著提升。

4.4.1　级数法计算圆周率

我国清代数学家李善兰在对数、三角函数以及二项式的平方根幂级数展开方面颇有建树。他基于平方根的幂级数展开给出了无穷级数表达式:

$$\sqrt{1 - x^2} = 1 - \left(\frac{1}{2}x^2 + \frac{1}{4!!}x^4 + \frac{3!!}{6!!}x^6 + \frac{5!!}{8!!}x^8 + \cdots \right) \tag{4-22}$$

对上式函数求定积分,x 从 -1 到 1 变化,可得单位圆面积的 $1/2$,化简可得

$$\pi = 4 - 4 \cdot \left(\frac{1}{3 \cdot 2} + \frac{1}{5 \cdot 4!!} + \frac{3!!}{7 \cdot 6!!} + \frac{5!!}{9 \cdot 8!!} + \cdots \right) \tag{4-23}$$

这就是基于平方根级数和积分法求圆面积给出的圆周率计算公式。

1676 年,莱布尼茨在其所著的书中给出了反正切函数的展开式:

$$\arctan x = x - \frac{x^3}{3} + \frac{x^5}{5} - \frac{x^7}{7} + \cdots \tag{4-24}$$

设 $f(x) = \arctan x$,对 x 求导,得

$$f'(x) = \frac{1}{1+x^2} \tag{4-25}$$

上式可变形为

$$(1+x^2)f'(x) = 1 \tag{4-26}$$

对 x 求 $n-1$ 次导数,则有

$$(1+x^2)f^{(n)}(x) + 2(n-1)xf^{(n-1)}(x) + (n-1)(n-2)f^{(n-2)}(x) = 0 \tag{4-27}$$

将 $x=0$ 代入式(4-27),得

$$f^{(n)}(0) = -(n-1)(n-2)f^{(n-2)}(0) \tag{4-28}$$

注意到,$f'(0)=1, f''(0)=0$,于是便有

$$f^{(n)}(0) = \begin{cases} 0, & n=2k \\ (-1)^k(2k)!, & n=2k+1 \end{cases} \tag{4-29}$$

由泰勒公式 $f(x) = \sum_{n=0}^{\infty} \frac{f^{(n)}(x_0)}{n!}(x-x_0)^n$,代入 $x=1, x_0=0$,可得

$$\frac{\pi}{4} = \sum_{n=0}^{\infty} \frac{(-1)^n}{2n+1} \tag{4-30}$$

式(4-30)即为基于反正切展开的圆周率计算公式,公式中只需要使用加法与除法,计算简单,适于计算机编程实现。然而,当取 $x=1$ 时,其收敛速度非常慢,因此不适合于高精度圆周率的快速计算。

4.4.2　梅钦公式计算圆周率

分析莱布尼茨基于反正切展开给出的圆周率计算式可以发现,级数的收敛性和 x 值有关,如果能把 $\frac{\pi}{4}$ 拆分成两个或两个以上小角度的和,用反正切函数来表示每个小角度,就能加快级数的收敛速度。1706 年,英国数学家梅钦(John Machin)提出了以下公式:

$$\frac{\pi}{4} = 4\arctan \frac{1}{5} - \arctan \frac{1}{239} \tag{4-31}$$

下面是推导过程,其中用到了三角恒等式:

$$\tan(\alpha+\beta) = \frac{\sin\alpha\cos\beta + \cos\alpha\sin\beta}{\cos\alpha\cos\beta - \sin\alpha\sin\beta} \tag{4-32}$$

上式两侧求反正切,可以写为

$$\arctan \frac{\sin \alpha}{\cos \alpha} + \arctan \frac{\sin \beta}{\cos \beta} = \arctan \frac{\sin \alpha \cos \beta + \cos \alpha \sin \beta}{\cos \alpha \cos \beta - \sin \alpha \sin \beta} \qquad (4-33)$$

一般而言,当实数 a_1、a_2、b_1、b_2 满足

$$-\frac{\pi}{2} < \arctan \frac{a_1}{b_1} + \arctan \frac{a_2}{b_2} < \frac{\pi}{2} \qquad (4-34)$$

时,有下列等式成立:

$$\arctan \frac{a_1}{b_1} + \arctan \frac{a_2}{b_2} = \arctan \frac{a_1 b_2 + a_2 b_1}{b_1 b_2 - a_1 a_2} \qquad (4-35)$$

用这个等式就可以推导出梅钦公式:

$$2\arctan \frac{1}{5} = \arctan \frac{1}{5} + \arctan \frac{1}{5}$$

$$= \arctan \frac{1 \times 5 + 5 \times 1}{5 \times 5 - 1 \times 1} = \arctan \frac{5}{12} \qquad (4-36)$$

$$4\arctan \frac{1}{5} = 2\arctan \frac{1}{5} + 2\arctan \frac{1}{5}$$

$$= \arctan \frac{5}{12} + \arctan \frac{5}{12}$$

$$= \arctan \frac{5 \times 12 + 12 \times 5}{12 \times 12 - 5 \times 5} = \arctan \frac{120}{119} \qquad (4-37)$$

$$4\arctan \frac{1}{5} - \frac{\pi}{4} = \arctan \frac{120}{119} + \arctan \frac{-1}{1}$$

$$= \arctan \frac{120 \times 1 + (-1) \times 119}{119 \times 1 - 120 \times (-1)}$$

$$= \arctan \frac{1}{239} \qquad (4-38)$$

于是就证明了

$$\frac{\pi}{4} = 4\arctan \frac{1}{5} - \arctan \frac{1}{239} \qquad (4-39)$$

　　梅钦公式是第一个快速计算圆周率的公式,其收敛速度快,计算简单,由其推广得出的一类圆周率计算公式(梅钦类公式)在圆周率计算上得到了广泛应用。对式(4-39)右边的两项反正切函数分别利用幂级数展开,这样计算圆周率收敛速度更快。1706 年,梅钦用此方法将圆周率计算至小数点后第 100 位。到了 1949 年,人们借助计算机并利用梅钦公式将圆周率计算至小数点后第 2 035 位。

4.4.3 弦弧近似法计算圆周率

弦弧近似一直是计算圆周率的出发点,对于单位圆内接正 n 边形,若定义其每边对应的圆心角为 $2x = \dfrac{2\pi}{n}$,则相应的弦长和弧长的一半分别为 $\sin \dfrac{\pi}{n} = \sin x$ 和 x。通过考虑满足弦弧之比等于 0 的根,可以得到以下关系式:

$$\frac{\sin x}{x} = 1 - \frac{1}{3!}x^2 + \frac{1}{5!}x^4 + \cdots + \frac{1}{(2n+1)!}x^{2n} + \cdots = 0 \qquad (4-40)$$

上式的根为 $\pm\pi, \pm 2\pi, \cdots$,于是有

$$1 - \frac{1}{3!}x^2 + \frac{1}{5!}x^4 + \cdots + \frac{1}{(2n+1)!}x^{2n} + \cdots$$

$$= \left(1 - \frac{x^2}{\pi^2}\right)\left(1 - \frac{x^2}{4\pi^2}\right)\left(1 - \frac{x^2}{9\pi^2}\right)\cdots \qquad (4-41)$$

将上式展开,比较等式两侧 x^2 项前的系数,可得

$$\frac{1}{3!} = \frac{1}{\pi^2} + \frac{1}{4\pi^2} + \frac{1}{9\pi^2} + \cdots \qquad (4-42)$$

$$\frac{\pi^2}{6} = 1 + \frac{1}{4} + \frac{1}{9} + \cdots \qquad (4-43)$$

上式的推导过程较为繁琐且不够严谨,最终,大数学家 Euler 通过傅里叶级数给出了问题的完美解答:

$$x^2 = \frac{\pi^2}{3} + 4\sum_{n=1}^{\infty} \frac{(-1)^n}{n^2}\cos nx, \quad |x| \leqslant \pi \qquad (4-44)$$

令 $x = \pi$,可得

$$\frac{\pi^2}{6} = \sum_{n=1}^{\infty} \frac{1}{n^2} \qquad (4-45)$$

4.4.4 韦达无穷乘积法计算圆周率

1593 年,法国数学家弗朗索瓦·韦达提出了第一个以无穷乘积形式的圆周率计算公式。这个公式也是最早以明确的形式计算圆周率的算式:

$$\frac{2}{\pi} = \sqrt{\frac{1}{2}} \sqrt{\frac{1}{2} + \frac{1}{2}\sqrt{\frac{1}{2}}} \sqrt{\frac{1}{2} + \frac{1}{2}\sqrt{\frac{1}{2} + \frac{1}{2}\sqrt{\frac{1}{2}}}} \cdots \qquad (4-46)$$

也可以写为

$$\frac{2}{\pi} = \frac{\sqrt{2}}{2} \cdot \frac{\sqrt{2+\sqrt{2}}}{2} \cdot \frac{\sqrt{2+\sqrt{2+\sqrt{2}}}}{2} \cdots \qquad (4-47)$$

即使在今天,这个公式的精妙也会令人赞叹不已。它表明仅仅借助数字 2,

结合一系列的加法、乘法、除法以及开平方运算,即可计算出圆周率的值。接下来,将展示该公式的推导过程。

我们注意到 $\sin\dfrac{\pi}{2}=1$,由二倍角公式可知:

$$1=\sin\frac{\pi}{2}=2\sin\frac{\pi}{4}\cos\frac{\pi}{4}=\cdots=2^n\sin\frac{\pi}{2^{n+1}}\cos\frac{\pi}{4}\cos\frac{\pi}{8}\cdots\cos\frac{\pi}{2^{n+1}}$$

$$(4-48)$$

对上述式子进行变形,构造如下形式:

$$\frac{2}{\pi\dfrac{\sin\dfrac{\pi}{2^{n+1}}}{\dfrac{\pi}{2^{n+1}}}}=\cos\frac{\pi}{4}\cos\frac{\pi}{8}\cdots\cos\frac{\pi}{2^{n+1}} \qquad (4-49)$$

两边同时取 $n\to\infty$,利用洛必达定理可得 $\lim\limits_{n\to\infty}\dfrac{\sin\dfrac{\pi}{2^{n+1}}}{\dfrac{\pi}{2^{n+1}}}=1$,则有

$$\frac{2}{\pi}=\cos\frac{\pi}{4}\cos\frac{\pi}{8}\cos\frac{\pi}{16}\cdots \qquad (4-50)$$

由半角公式可知:

$$\cos\frac{\pi}{2^{n+1}}=\sqrt{\frac{1}{2}+\frac{1}{2}\cos\frac{\pi}{2^n}} \quad (n=1,2,3,\cdots) \qquad (4-51)$$

分别计算出 $\cos\dfrac{\pi}{4},\cos\dfrac{\pi}{8},\cos\dfrac{\pi}{16},\cdots$,代入式(4-50)可得

$$\frac{2}{\pi}=\sqrt{\frac{1}{2}}\sqrt{\frac{1}{2}+\frac{1}{2}\sqrt{\frac{1}{2}}}\sqrt{\frac{1}{2}+\frac{1}{2}\sqrt{\frac{1}{2}+\frac{1}{2}\sqrt{\frac{1}{2}}}}\cdots \qquad (4-52)$$

该公式巧妙地运用三角恒等变形,将 2 与 π 联系起来,并且每次计算只需要进行一次开平方运算,其收敛速度相较于刘徽的割圆术稍快。

然而,由于计算过程中需要应用精确的乘法和开方运算,即使用计算机进行迭代运算,要达到一定的精度仍需较大的计算量。与现代圆周率计算速度相比,其效率依旧比较低。

这里我们给出韦达算法的计算机程序(C语言)实现:

```
# include "stdio.h"
# include"math.h"
main()
{ int i;
```

```
    double a[8], p;
    a[0] = sqrt(2);
    p = a[0]/2;
for(i = 1;i<8;i + +)
{ a[i] = sqrt(2 + a[i − 1]);
    p = p * (a[i]/2);
}
    p = 2/p;
    printf("p = % lf\n",p);
}
```

运行以上代码,可以得到迭代 8 次后的结果:p＝3.141573。

4.4.5　圆周率的其他级数形式计算公式

圆周率的级数形式计算公式中,还有沃利斯乘积,又称沃利斯公式,该公式由英国数学家约翰·沃利斯于 1655 年发现。

$$\frac{\pi}{2} = \frac{2}{1} \cdot \frac{2}{3} \cdot \frac{4}{3} \cdot \frac{4}{5} \cdot \frac{6}{5} \cdot \frac{6}{7} \cdot \frac{8}{7} \cdot \frac{8}{9} \cdots = \prod_{n=1}^{\infty} \frac{2n}{2n-1} \cdot \frac{2n}{2n+1}$$

(4 − 53)

1914 年,印度数学家斯里尼瓦瑟·拉马努金在他的论文里发表了一系列共 14 条用于计算圆周率的公式。这里仅给出其中计算精度较高的一个公式,该公式每多计算一项,计算精度提升约 8 个数量级。

$$\frac{1}{\pi} = \frac{2\sqrt{2}}{9\,801} \sum_{k=0}^{\infty} \frac{(4k)!\,(1\,103 + 26\,390k)}{(k!)^4 396^{4k}}$$

(4 − 54)

自 20 世纪中叶有了计算机,圆周率的计算突飞猛进。1949 年,圆周率的计算精确到小数点后 2 035 位,这一过程耗时 70 小时。此后圆周率的计算精度不断刷新。至 2019 年,谷歌工程师利用超级计算机耗时 4 个月,将圆周率的精度推进到小数点后 31.4 万亿位,其纪念意义不言而喻。

扩展阅读

斯里尼瓦瑟·拉马努金(1887—1920 年),20 世纪一位传奇的印度数学家,年仅 31 岁即当选为英国皇家学会外籍会员,并成为剑桥大学三一学院院士。尽管他一生未曾接受过正规的高等数学教育,却拥有极为敏锐的数学直觉。拉玛努金经常直接提出公式而不附带证明,但他的理论在事后往往被证明是正确的。数学家哈代对拉马努金的公式评价道,尽管有些公式初看难以理解,但它们肯定是正确的,因为如果不是的话,无人能拥有足够的想象力去发明它们。

4.4.6 数值积分法计算圆周率

数值积分法计算圆周率主要基于以下两个公式：

$$\pi = 4\int_0^1 \sqrt{1-x^2}\,\mathrm{d}x \qquad\qquad (4-55)$$

$$(\arctan x)' = \frac{1}{1+x^2} \qquad\qquad (4-56)$$

式(4-55)由圆曲线函数积分得到，式(4-56)为反正切导数公式，积分可以得到 $\pi = 4\int_0^1 \dfrac{1}{1+x^2}\,\mathrm{d}x$。

数值积分法主要通过计算机来实现微元面积叠加，其过程简单直观。在区间 $[0,1]$ 上，我们可以将区间细分成若干小段，通过迭代计算每段的面积并进行累加，以此获得数值积分，进而得到圆周率的近似值。然而，实际计算中发现，相较于级数法，使用积分法计算圆周率收敛速度较慢。

利用公式(4-56)以计算数值积分的方法求圆周率，相应的 MATLAB 程序代码如下：

```
n = 50;              % 定义等分积分区间为 n 份
i = 0:1/n:1;
s = 0;
for k = 1:length(i) - 1
    s = s + (1/(1 + ((i(k) + i(k+1))/2)^2)) * 1/n;
end
4 * s
```

随着 n 值的增加，圆周率的计算精度得到显著提升。表 4-1 给出了 n 值从 10 到 5 000 的圆周率计算近似值。当 $n=5\,000$ 时，计算结果的精确度达到小数点后 8 位。

表 4-1　利用数值积分程序得到的圆周率计算结果

n	圆周率的计算值
10	3.142 425 985 001 10
20	3.141 800 986 893 09
50	3.141 625 986 923 00
100	3.141 600 986 923 12
500	3.141 592 986 923 12
1 000	3.141 592 736 923 13
5 000	3.141 592 656 923 13

4.5　数值积分简介

在数值分析中,数值积分是一种计算定积分数值的方法和理论。在处理某些复杂问题时,我们可能无法求得给定函数的定积分精确值,因为许多定积分难以借助已知的积分公式推导出解析式。例如:

① 在求解某些概率分布的积分时:$\int_0^1 \mathrm{e}^{-x^2}\,\mathrm{d}x$;

② 在计算椭圆的积分时:$\int_0^2 \dfrac{1}{\sqrt{1+x^4}}\,\mathrm{d}x$。

此时,数值积分方法显得尤为重要。通过利用黎曼积分等数学定义,数值积分方法能够以数值逼近的方式,求解定积分的近似值。借助电子计算设备,数值积分方法可以快速有效地处理复杂的积分问题。

具体来说,数值积分包含了多种不同的算法,本节主要介绍其中的两种:梯形方法和辛普森方法。

4.5.1　梯形方法

梯形方法可以被理解为将定积分所代表的区域划分为若干份,每一份以梯形面积进行近似,通过加和这些近似值来得到原区域面积的近似值,如图 4 - 3 所示。

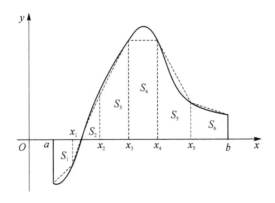

图 4 - 3　利用梯形方法求数值积分

应用条件:被积函数 $f(x)$ 在积分区间 $[a,b]$ 上连续,或者存在有限个第一类间断点。

如果 x_0 是函数 $f(x)$ 的间断点,且左极限及右极限都存在,则称 x_0 为函数 $f(x)$ 的第一类间断点。

公式推导：如图 4 - 3 所示，分割线将曲线与坐标轴所围成的图形分割成若干近似小梯形（以两点连线近似替代曲线），则积分计算所得到的面积就可以近似写为

$$\int_a^b f(x)\mathrm{d}x \approx S_1 + S_2 + S_3 + \cdots + S_n$$

$$= \sum_{i=1}^n \left\{ \frac{1}{2}\big[f(x_{i-1}) + f(x_i)\big](x_i - x_{i-1}) \right\} \qquad (4-57)$$

如果区间均匀化成 n 等份，令 $h = \dfrac{b-a}{n}$，$x_k = a + kh$ $(k = 1,2,3,\cdots,n-1)$ 则式 (4-57) 可以改写为

$$\int_a^b f(x)\mathrm{d}x \approx T_n = \frac{h}{2}\left[f(a) + 2\sum_{k=1}^{n-1} f(x_k) + f(b)\right] \qquad (4-58)$$

通常用 T_n 表示区间分割成 n 份的梯形法数值积分公式。当 n 值足够大时，就可以获得满足所需精度的定积分结果。在 MATLAB R2020a 版本中，梯形法求定积分可以通过调用 trapz(x,y) 命令来实现。

例如，利用梯形方法求解 $\int_0^1 \mathrm{e}^{-x^2}\mathrm{d}x$ 的积分近似值，相应的 MATLAB 程序代码如下：

```
x = 0:0.1:1;
y = exp(-x.^2);
trapz(x,y)
```

输出：

```
ans = 0.746211
```

4.5.2 辛普森方法

辛普森方法的基本思想类似于梯形方法，但在每一子区间上，它采用二次插值函数（抛物线）来近似。具体而言，该方法在每个子区间增加其中点，利用三点决定的抛物线来计算近似面积，因此又被称为抛物线方法。使用此方法的条件仍然是被积函数 $f(x)$ 在积分区间 $[a,b]$ 上连续，或者存在有限个第一类间断点。

如图 4 - 4 所示，针对每个子区间，考虑其中点，利用三点 y_0、y_1、y_2 构造的二次插值函数（抛物线函数）进行积分，以近似求得小区间上由曲线围成的面积。计算结果与通过中点分割得到的两个小曲边梯形面积加和一致。抛物线积分后的面积公式为

$$S = \frac{h}{6}(y_0 + 4y_1 + y_2) \qquad (4-59)$$

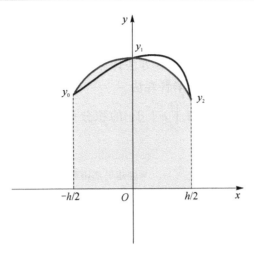

图 4-4　利用抛物线方法求数值积分

在对整个区间进行求和的过程中,可以通过倍增分割子区间数,转化为递推形式,即所谓的复化辛普森公式。

如图 4-5 所示,第 i 个子区间面积 S_i 可以表示为

$$S_i = \frac{h}{6}\left[f(x_i) + 4f\left(\frac{x_i + x_{i+1}}{2}\right) + f(x_i)\right] \tag{4-60}$$

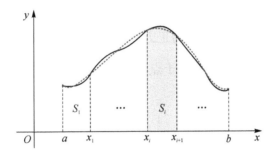

图 4-5　利用辛普森方法求数值积分

如果区间均匀化成 n 等分,令 $h = \dfrac{b-a}{n}$,$x_k = a + kh$ $(k = 1, 2, 3, \cdots, n-1)$,则有

$$\int_a^b f(x)\mathrm{d}x \approx S_n = \frac{h}{6}\left[f(x_0) + 2\sum_{k=1}^{n-1} f(x_k) + f(x_n) + 4\sum_{k=1}^{n} f\left(\frac{x_{k-1} + x_k}{2}\right)\right]$$

$$= T_{2n} + \frac{1}{3}(T_{2n} - T_n) \tag{4-61}$$

式中 T_{2n} 表示区间倍增分割为 $2n$ 后的梯形公式。式(4-61)也可理解为利用复化的梯形公式来构造高阶的辛普森公式,从而提升精度。在应用辛普森方法时,

将区间分割数逐渐加倍,利用加倍前两次的积分值之差作为迭代的控制条件,当迭代误差降至小于规定误差时停止计算。

在 MATLAB 软件中,用辛普森方法计算定积分的函数是 quad(f,a,b),其底层算法采用的是自适应变步长辛普森法。

要求利用抛物线方法求解 $\int_0^1 e^{-x^2} dx$ 的积分近似值,相应的 MATLAB 程序代码如下:

```
y = inline('exp( - x.^2)');          % 创建局部函数 y
quad(y,0,1)
```

结果如下:

```
ans = 0.746826
```

4.6 随机模拟方法(蒙特卡罗法)计算圆周率

蒙特卡罗方法是一种基于概率论的随机模拟计算方法。其基本原理是,在一个正方形区域内随机掷点,点落入 $\frac{1}{4}$ 圆内的概率为 $\frac{\pi}{4}$,统计落入圆内的点数,其与总掷点数之比乘以 4,即可获得圆周率的近似值。

如图 4-6 所示,在边长为 1 的正方形内随机掷点,掷点个数记为 K,其中落入 $\frac{1}{4}$ 圆内的点的数量记为 K_0。鉴于点落入圆内的概率为 $\frac{\pi}{4}$,因此

$$\frac{\pi}{4} \approx \frac{K_0}{K} \tag{4-62}$$

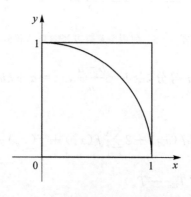

图 4-6 利用蒙特卡罗法求圆周率

要求利用蒙特卡罗法计算圆周率,相应的 MATLAB 程序代码如下:

```
ks = 0;
n = 500;                    % 随机掷点 500 次
for i = 1:n
    a = rand(1,2);          % 产生 1 行 2 列随机数
    if a(1)^2 + a(2)^2 <= 1
        ks = ks + 1;
    end
end
4 * ks/n
```

依次取 $n = 500, 1\,000, 3\,000, 5\,000, 50\,000$ 时,圆周率 π 的近似值分别为

```
3.18400000000000
3.10400000000000
3.11330000000000
3.12080000000000
3.14376000000000
```

如图 4-7 所示,由计算结果可知,这种数据模拟算法的收敛速度很慢。在实验次数较少的情况下,所获得的近似值与真实值存在较大误差。然而,这种数据模拟方法具有操作简单的特点。在对精度要求不高的情况下,采用取随机数进行数据模拟的方法具有一定的实用价值。

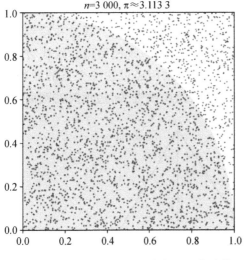

图 4-7　不同个数随机点计算圆周率

参考文献

[1] 李心灿. 微积分的创立者及其先驱[M]. 修订版. 北京:高等教育出版社,2002.

[2] 哈代. 一个数学家的辩白[M]. 北京:人民邮电出版社,2020.

[3] 蔡天新. 数学简史[M]. 北京:中信出版社,2017.

[4] 李迪. 十九世纪中国数学家李善兰[J]. 中国科技史料,1982(3):15-21.

[5] 史蒂夫·斯托加茨. 微积分的力量[M]. 北京:中信出版集团,2021.

[6] 裴礼文. 数学分析中的典型问题与方法[M]. 3版. 北京:高等教育出版社,2021.

习　　题

1. 说明微积分法在计算圆周率中的应用及其过程。

2. 基于梅钦公式 $\pi/4 = 4\arctan(1/5) - \arctan(1/239)$,推导出计算圆周率的级数展开式,与直接基于反正切的级数展开式进行比较,分析两者的收敛速度。

3. 使用梯形方法对定积分 $\int_0^2 e^x dx$ 进行近似计算。分别取 $n = 5, 8, 10, \cdots$,比较 n 取不同的值对近似值的影响。

4. 采用割圆术计算圆周率时,通过 1 分 2,2 分 4,4 分 8,…的做法生成具有 n 条边的正多边形,用正多边形的面积近似圆面积。刘徽在得到正 n 边形后,用直线近似圆弧,用三角形面积近似弓形面积。现改用抛物线代替直线,如图 4-8 所示,在 A、B 两点之间细分一个 C 点,采用经过这三个点的抛物线面积来近似弓形面积。请采用辛普森数值积分法给出改进 $2n$ 边形时的圆面积近似公式。

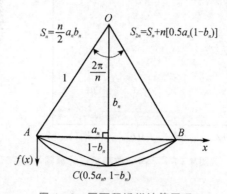

图 4-8　圆面积近似计算原理

第 5 章 计算数学中的插值、逼近与迭代

5.1 从微积分到计算数学

计算数学,又称为数值方法或科学计算,随着微积分方法与数字计算机紧密结合而发展,是应用数学的一个分支。它主要研究如何利用计算机求解数学问题的计算方法及其软件实现。计算数学的核心内容涵盖了代数方程和微分方程的数值解法、函数的数值逼近问题、最优化计算问题等,还包括解的存在性、唯一性、收敛性和误差分析等理论分析。插值、逼近和迭代是计算数学中常用的三种基本算法。

5.1.1 计算数学发展的四个阶段

1. 计算数学的萌芽——古代东方数学的算法精神

与希腊数学相比,古代东方数学表现出了强烈的算法精神,特别是中国和印度数学,它们注重算法的概括而非命题的形式推导。中国古代数学家早已使用"算术"和"算法"概念,它们涵盖了当时的全部数学知识和计算技能,如《九章算术》中的分数四则和比例算法、方程术、正负术,刘徽的割圆术,以及《数书九章》中的大衍求一术等。英文中的 algorithm 一词源自拉丁文 algoritmi,是阿拉伯数学家花拉子密名字的拉丁文音译,后来演变成算法之义。

到了中世纪,算法思想有了质的飞跃,这一时期中国与印度数学家创造的大量结构复杂、应用广泛的算法,就不再是简单的经验法则,而是成为一种归纳思维能力的产物。中国的数值运算及方程求解,欧几里得的辗转相除法以及印度、阿拉伯的一些算法,都使人认识到:算法是一种有限的指令,可以机械地运行,从而对一类问题得出确定的解答。东方数学在文艺复兴之前通过阿拉伯人传播到欧洲,与希腊数学交汇结合,孕育了近代数学的诞生。

2. 计算数学的发展——近代数学在欧洲的诞生

15 世纪,随着欧洲资本主义工商业的兴起和科学技术的新发展,数学发展的主要舞台转移到了欧洲,而东方数学则趋于式微。解析几何学和微积分学的建

立标志着近代数学在欧洲的诞生,计算方法也相应进步。各个时期的大数学家,在发展基础数学的同时,也都对计算方法做出了重要贡献。牛顿、欧拉、拉格朗日发展了一般插值方法与差分方法,高斯和切比雪夫分别提出了均方模量和绝对值模量的最优逼近方法与理论。随着科学技术的不断发展和实践需求的牵引,人们开始意识到数值计算日益增长的重要性。然而,由于社会生产规模的制约,特别是技术手段和计算工具条件的不足,20 世纪 40 年代之前的数值计算发展缓慢,对科学研究和工程技术的作用相对有限。

3. 计算数学的现代应用——电子计算机的诞生

现代计算科学的建立是与电子计算机的出现和应用紧密联系在一起的。随着社会生产力的提升,科学与工程活动中涉及的数值计算量迅速增大,旧的计算工具根本无法完成,以致阻碍了科学技术的发展。例如,在算力不足的情况下,通过当前的气象数据推测未来天气需要计算数月甚至数年,这使得预报天气成为科学家们的一个梦想。1946 年,在美国宾夕法尼亚大学研制成功了世界上第一台程序控制的电子计算机 ENIAC,见图 5-1。1950 年,冯·诺依曼领导的天气预报小组在 ENIAC 上完成了数值天气预报史上首次成功的计算。显然,数字电子计算机的出现和飞速发展,使得近代科学技术中的一些数学问题的解决成为可能。

图 5-1 第一台电子数字计算机

1946 年,冯·诺依曼及其同事起草了一份报告《高阶线性方程组的数值解法》,提交给了美国海军部。这份报告的提交标志着计算数学(或叫数值分析)作为一门独立学科的正式诞生。尽管这个报告未公开发表,但"数值分析"这一术语名词迅速传播开来。到了 1947 年,冯·诺依曼与 H·格德斯坦合作完成了论文《高阶矩阵数值求逆》,在文中他们处理了高达 150 阶矩阵的求逆问题,并对误差分析进行了详细论述。因此,冯·诺依曼通常被认为是现代计算数学学科的早期奠基人。

4. 计算数学的蓬勃发展——计算数学多学科交叉应用

随着计算科学理论的不断发展,许多过去无法通过实验和理论有效解决的问题,现在通过数值计算变得可行。在某些领域,数值计算甚至成为了日常工作必不可少的工具,如天气预报、产品优化设计等。在 20 世纪五六十年代,随着计算机技术的发展,一系列适用于计算机应用的计算方法应运而生,包括用于计算大型线性代数方程的稀疏矩阵法、与计算机辅助设计密切相关的样条函数,以及计算有限傅里叶级数的快速傅里叶变换等。在常微分方程的数值求解中,经典的龙格-库塔法经过不断改进,形成了多种适应大规模计算的变形算法。当时,计算数学研究的主要方向集中在提升计算质量和计算速度上。

如今,计算数学主要朝着两个方向发展:一是其内部纯数学理论的深化,二是向高维问题的数值方法、高性能计算、多物理场耦合与多尺度建模、算法保真度和算法健壮性等方向发展,这些方向形成了包括自动微分与优化、异构计算、自适应网格加密、多尺度算法、物理信息神经网络等在内的热点领域。值得一提的是,近年来人工智能的高速发展,尤其是机器学习、深度学习等方法与科学计算中经典的基础方法相融合,爆发出了极强的威力,极大地推动了相关领域的发展。在应用性方面,计算数学已渗透到多个领域,展现出多学科交叉的特点,并逐步形成了计算力学、计算流体力学、计算物理学、计算化学、计算生物学等分支学科以及各种大规模工程计算科学分支。例如,在飞机空气动力学模型的建立中,计算机数值模拟可以用来分析不同飞行条件下结构的受力与温度分布,以优化飞行器的外形布局和结构设计;在 LED(发光二极管)工作过程中,通过数值模拟可以观察到内部电流密度、温度及热应力的分布,以及温度变化引起的应力集中的位置、大小及其随时间的变化规律等。对于涉及多个物理场耦合的复杂系统问题,我们可以利用有限元软件如 ANSYS、Comsol Multiphysics 等,建立对象的多物理场耦合模型,例如在飞机外形设计时考虑流-固-热多物理场耦合,以探索满足多个物理场定律的演化规律,并进行多工况下的产品性能测试与多目标优化设计,如图 5-2 所示。总的来说,计算数学的内容将越来越丰富,在军事、能源、智能制造、交通运输等关键领域中将发挥越来越重要的作用,并逐渐融入社会生活的许多方面,成为推动科学技术和社会发展的重要力量。

图 5-2　高速飞行器的多物理场耦合数值计算

5.1.2　科学计算的一般过程

现代科学技术问题通常采用三种研究方法:理论推导、科学实验和科学计算。科学计算可以揭示那些通过物理实验手段尚无法展现的科学奥秘和规律。此外,它还是工程科学家研究成果的汇总,包括理论、方法和科学数据,成为推动工程和社会进步的新兴生产力。科学计算的应用领域广泛,涵盖了结构分析、多场计算、动态系统运行特性仿真和控制效果评价、信号分析和图像处理、工程系统优化和决策支持等。这些应用最终都归结于计算数学的算法设计与数值求解。

科学计算的一般流程如图 5-3 所示。

首先,必须针对实际问题进行机理分析与建模,将现实世界中的问题通过数学语言精确描述,转换为计算机可以处理的数学模型。然后,再根据解决数学问题的策略,设计数值计算方法并进行程序开发。最后,通过计算机运算获得结果。

数值计算方法是科学计算的核心,其研究内容包括算法的构造及其理论分析。算法构造的基本思想包括近似替代、离散化和递推化,而算法分析主要关注算法的特性,如相容性、稳定性,收敛性,以及误差估计等定性或定量分析,还包括对算法复杂性和可实现性的评估。

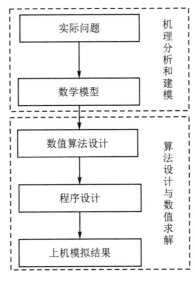

图 5 - 3　科学计算的一般流程图

5.2　插值函数的构造与应用

5.2.1　插值的函数表达

　　插值与逼近都是数学领域中用于近似替代的两种研究方法,它们源于社会生产实践活动。在工程实践中,常常遇到需要从一些离散数据点中探寻函数规律的问题。插值与逼近的目标就是利用这些数据点来确定某一类函数的参数,或者寻找一个近似函数来代表这些已知数据所揭示的函数规律。

　　如果要求这个近似函数(曲线或曲面)精确地通过所有已知的数据点,则称此类问题为插值问题。插值问题往往原本的函数形式比较复杂,寻求通过若干点来得到一个近似的简单函数关系,以便于进行分析和计算。插值问题不一定要得到近似函数的具体表达形式,有时仅需要通过插值方法来确定未知点对应的数值。例如,在照片放大以提高清晰度时,可以使用插值法来补充像素点。

　　如果不要求这个近似函数通过所有已知数据点,而是希望在这些已知点上的误差平方和达到最小,则对应的近似方法被称为数据拟合(或函数逼近)。数据拟合通常用于因果关系未知的情况,用构造的近似函数(曲线或曲面)来刻画输入和输出之间的变化规律,也可以通过该近似函数预测未知点的数值。例如,热电阻传感器的出厂标定曲线就是通过测量一组温度和电阻值拟合出近似线性函数,用于反映温度与电阻之间的变化规律。

当精确函数 $y=f(x)$ 非常复杂或未知时,可以在区间 $[a,b]$ 上的一系列节点 $x_0,\cdots,x_n$ 处测得函数值 $y_0=f(x_0),\cdots,y_n=f(x_n)$,由此构造一个简单易算的近似函数 $g(x)\approx f(x)$,以满足条件 $g(x_i)=f(x_i)(i=0,\cdots,n)$。这里的 $g(x)$ 称为 $f(x)$ 的插值函数,插值的基本思想如图 5-4 所示。多项式是最常用的插值函数。

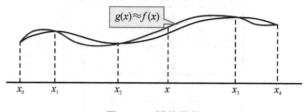

图 5-4 插值思想

多项式插值主要是在次数不高于 n 的多项式集合 $D_n=\text{Span}\{\varphi_0,\varphi_1,\cdots,\varphi_n\}$ 中求多项式 $p_n(x)=\sum_{k=0}^{n}c_k\varphi_k(x)$,使其满足 $p_n(x_i)=f(x_i),i=0,1,\cdots,n$。其中,$p_n(x)$ 是 n 次插值多项式,$f(x_i)$ 是被插值函数值,$\{x_0,x_1,\cdots,x_n\}$ 称为插值节点,$\{\varphi_k(x),k=0,1,\cdots,n\}$ 称为插值基函数。插值基函数是线性无关的,即其中任何一个基函数都不能用其他基函数的线性组合来表示。

例如,当我们选定多项式集合为 $\{1,x,x^2,\cdots,x^n\}$ 时,多项式插值的任务就简化为:在没有重合节点的情况下,求 n 次多项式 $P_n(x)=a_0+a_1x+\cdots+a_nx^n$ 的系数 $\{a_0,a_1,\cdots,a_n\}$,使其满足 $P_n(x_i)=y_i,i=0,\cdots,n$。

5.2.2 插值方法

在我国,隋唐时期制定历法时,就已经应用了二次插值的方法。隋朝天文学家刘焯在伽利略之前 1 000 多年,就准确地理解了匀变速运动中路程与时间等量的数学关系,并且他在《皇极历》中运用了等间距插值法来计算天体运动的规律,遗憾的是,终究没有形成一个完整的系统理论。插值理论是在 17 世纪微积分产生之后逐渐发展起来的。

经典的插值方法主要有:拉格朗日插值、牛顿插值以及样条插值等。

1. 拉格朗日插值法

拉格朗日插值法最初由英国数学家爱德华·华林于 1779 年提出,1783 年莱昂哈德·欧拉再次提出。到了 1795 年,拉格朗日在他的著作《师范学校数学基础教程》中发表了这一插值方法,因此该方法以他的名字来命名。

拉格朗日插值法主要的思想是找到插值基函数 $l_i(x),i=0,\cdots,n$,使得

$l_i(x_j) = \delta_{ij}$，其中 $\delta_{ij} = \begin{cases} 1, & i=j \\ 0, & i \neq j \end{cases}$；然后令 $P_n(x) = \sum\limits_{i=0}^{n} l_i(x) y_i$，则显然有

$P_n(x_i) = y_i$，即每个基函数 l_i 有 n 个零点 $x_0, x_1, \cdots, x_{i-1}, x_{i+1}, \cdots, x_n$，则有

$$l_i(x) = C_i(x-x_0) \cdots (x-x_{i-1})(x-x_{i+1}) \cdots (x-x_n) = C_i \prod_{\substack{j \neq i \\ j=0}}^{n} (x-x_j)$$

$$(5-1)$$

式中，C_i 为待定常数。根据定义 $l_i(x_i) = 1$，代入后可得 $C_i = \prod\limits_{j \neq i} \dfrac{1}{x_i - x_j}$，因此

$l_i(x) = \prod\limits_{\substack{j \neq i \\ j=0}}^{n} \dfrac{x - x_j}{x_i - x_j}$，则拉格朗日多项式为 $L_n(x) = \sum\limits_{i=0}^{n} l_i(x) y_i$ 满足插值条件。

显然，基函数的构造只与插值节点 x_i 相关，与函数值 y_i 无关。

插值多项式为原函数的近似函数，定义其误差为插值余项 $R_n(x) = f(x) - L_n(x)$。多项式插值的余项定理（可由罗尔定理证明）中给出了拉格朗日余项的表达式，当高阶导数 $f^{(n+1)}(x)$ 存在时，$R_n(x) = \dfrac{f^{(n+1)}(\xi)}{(n+1)!} \omega(x)$，其中 $\omega(x) = (x-x_0)(x-x_1) \cdots (x-x_n)$，$a < \xi < b$。

n 阶插值多项式至少要 $n+1$ 个插值节点来唯一确定。这里以二阶拉格朗日插值多项式为例，来说明构造过程。当 $n=2$ 时，已知三点 (x_0, y_0)，(x_1, y_1)，(x_2, y_2)，构造二次插值函数多项式如下：

$$P_2(x) = l_0(x) y_0 + l_1(x) y_1 + l_2(x) y_2 \qquad (5-2)$$

其中，

$$l_0(x) = \frac{(x-x_1)(x-x_2)}{(x_0-x_1)(x_0-x_2)}$$

$$l_1(x) = \frac{(x-x_0)(x-x_2)}{(x_1-x_0)(x_1-x_2)}$$

$$l_2(x) = \frac{(x-x_0)(x-x_1)}{(x_2-x_0)(x_2-x_1)}$$

$f(x) = P_2(x)$ 是通过 (x_0, y_0)、(x_1, y_1)、(x_2, y_2) 三点的抛物线，$l_0(x)$、$l_1(x)$、$l_2(x)$ 和 $P_2(x)$ 的函数图像如图 5-5 所示。

【例题 5-1】　已知 $\sin \dfrac{\pi}{6} = \dfrac{1}{2}$，$\sin \dfrac{\pi}{4} = \dfrac{1}{\sqrt{2}}$，$\sin \dfrac{\pi}{3} = \dfrac{\sqrt{3}}{2}$，分别利用 $\sin x$ 的 1 次、2 次 Lagrange 插值计算 $\sin 50°$ 并估计误差。

解　① $n=1$，分别利用 x_0, x_1 以及 x_1, x_2 计算一次线性插值多项式，由于 $50°$ 位于 $\dfrac{\pi}{4}$ 和 $\dfrac{\pi}{3}$ 之间，见图 5-6，利用 x_0, x_1 作插值来估计 $\sin 50°$ 时为外推，利用

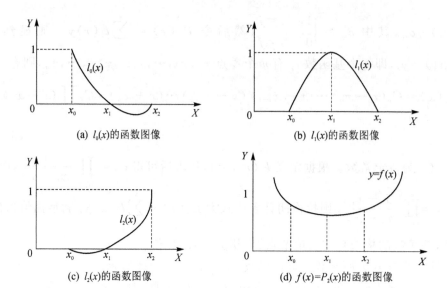

Y
1
$l_0(x)$
0
x_0
x_1
x_2
X
(a) $l_0(x)$的函数图像
Y
1
$l_1(x)$
0
x_0
x_1
x_2
X
(b) $l_1(x)$的函数图像
Y
1
$l_2(x)$
0
x_0
x_1
x_2
X
(c) $l_2(x)$的函数图像
Y
$y=f(x)$
1
0
x_0
x_1
x_2
X
(d) $f(x)=P_2(x)$的函数图像

图 5-5　二次拉格朗日多项式的构造过程

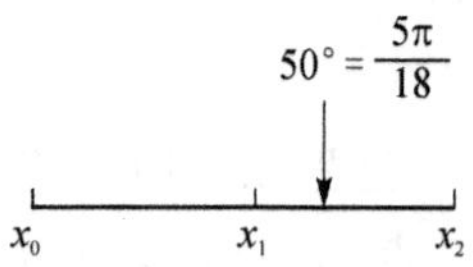

$50°=\frac{5\pi}{18}$
x_0
x_1
x_2

图 5-6　节点分布图像

x_1, x_2 作插值来估计 sin 50°时为内插。

首先利用 $x_0=\frac{\pi}{6}, x_1=\frac{\pi}{4}$，推导出

$$L_1(x)=\frac{x-\pi/4}{\pi/6-\pi/4}\times\frac{1}{2}+\frac{x-\pi/6}{\pi/4-\pi/6}\times\frac{1}{\sqrt{2}}$$

保留 5 位有效数值，则 $\sin 50°\approx L_1\left(\frac{5\pi}{18}\right)\approx 0.776\ 14$。

接下来，通过拉格朗日余项求误差。

已知 $f(x)=\sin x, f^{(2)}(\xi_x)=-\sin\xi_x, \xi_x\in\left(\frac{\pi}{6},\frac{\pi}{3}\right)$，而 $\frac{1}{2}<\sin\xi_x<\frac{\sqrt{3}}{2}$，则有

$$R_1(x)=\frac{f^{(2)}(\xi_x)}{2!}\left(x-\frac{\pi}{6}\right)\left(x-\frac{\pi}{4}\right)$$

推得 $-0.013\ 19<R_1\left(\frac{5\pi}{18}\right)<-0.007\ 62$。

由精确值 $\sin 50°=0.766\ 044\ 4\cdots$ 可知外推时的实际误差约等于 $-0.010\ 01$，与误差估计一致。

然后利用 $x_1=\frac{\pi}{4}, x_2=\frac{\pi}{3}$ 作内插的拉格朗日多项式，同理推得 $\sin 50°\approx 0.760\ 08$，对比精确值，算出内插的实际误差约等于 $0.005\ 96$。

由此可见，内插通常优于外推。选择要计算的 x 所在的区间的端点，插值效

果较好。

② 取 $n=2$,利用三个插值点推导二次拉格朗日插值多项式,则有

$$L_2(x) = \frac{\left(x-\frac{\pi}{4}\right)\left(x-\frac{\pi}{3}\right)}{\left(\frac{\pi}{6}-\frac{\pi}{4}\right)\left(\frac{\pi}{6}-\frac{\pi}{3}\right)} \times \frac{1}{2} + \frac{\left(x-\frac{\pi}{6}\right)\left(x-\frac{\pi}{3}\right)}{\left(\frac{\pi}{4}-\frac{\pi}{6}\right)\left(\frac{\pi}{4}-\frac{\pi}{3}\right)} \times \frac{1}{\sqrt{2}} +$$

$$\frac{\left(x-\frac{\pi}{6}\right)\left(x-\frac{\pi}{4}\right)}{\left(\frac{\pi}{3}-\frac{\pi}{6}\right)\left(\frac{\pi}{3}-\frac{\pi}{4}\right)} \times \frac{\sqrt{3}}{2} \qquad (5-3)$$

$$\sin 50° \approx L_2\left(\frac{5\pi}{18}\right) \approx 0.765\,43 \qquad (5-4)$$

$$R_2(x) = \frac{-\cos\xi_x}{3!}\left(x-\frac{\pi}{6}\right)\left(x-\frac{\pi}{4}\right)\left(x-\frac{\pi}{3}\right), \qquad \frac{1}{2} < \cos\xi_x < \frac{\sqrt{3}}{2}$$

$$(5-5)$$

因此有 $0.000\,44 < R_2\left(\frac{5\pi}{18}\right) < 0.000\,77$,二次插值的实际误差约等于 $0.000\,61$。

从例题 5-1 可以看出,高次插值的效果通常优于低次插值,但并不是次数越高效果越好,因为高次插值会出现病态问题。

2. 牛顿插值法

拉格朗日插值虽然易算,但若要增加一个节点时,全部基函数 $l_i(x)$ 都需要重新算过。在实际应用中,经常会出现增加插值点的情况,因此拉格朗日插值较为耗时,并不实用,而牛顿插值法就很好地解决了这个问题,它将 $L_n(x)$ 改成了基于插值节点的递增形式:

$$N_n(x) = a_0 + a_1(x-x_0) + a_2(x-x_0)(x-x_1) + \cdots +$$
$$a_n(x-x_0)\cdots(x-x_{n-1}) \qquad (5-6)$$

每增加一个节点时只需要附加一项即可,由插值条件确定各项系数 $\{a_0, a_1, \cdots, a_n\}$,我们称 $N_n(x)$ 为 $f(x)$ 关于插值节点 $x_0, x_1, \cdots, x_n$ 的牛顿插值多项式,各项系数可由 $f(x)$ 的各阶差商来确定,即 $a_i = f[x_0, x_1, \cdots, x_i]$。

在介绍牛顿插值法之前,需要先了解一下差商的定义:给定函数 $f(x)$ 和插值节点 $x_0, x_1, \cdots, x_n$,用 $f[x_0, x_1, \cdots, x_k]$ 表示 $f(x)$ 关于节点 $x_0, x_1, \cdots, x_k$ 的 k 阶差商,可递归定义为

$$f[x_0, x_1, \cdots, x_k] = \frac{f[x_1, x_2, \cdots, x_k] - f[x_0, x_1, \cdots, x_{k-1}]}{x_k - x_0} \qquad (5-7)$$

依次推导至 1 阶差商,最终可导出

$$f[x_0, \cdots, x_k] = \sum_{i=0}^{k} \frac{f(x_i)}{\omega'_{k+1}(x_i)} \qquad (5-8)$$

其中

$$\omega_{k+1}(x) = \prod_{i=0}^{k}(x - x_i), \quad \omega'_{k+1}(x_i) = \prod_{\substack{j=0 \\ j \neq i}}^{k}(x_i - x_j)$$

此处需要注意的是，差商的值 $f[x_0, \cdots, x_k]$ 与 x_i 的顺序无关。

$a_i = f[x_0, \cdots, x_i]$ 的证明如下。

按照差商定义，有如下公式：

$$\begin{cases} f(x) = f(x_0) + (x - x_0)f[x, x_0] & (1) \\ f[x, x_0] = f[x_0, x_1] + (x - x_1)f[x, x_0, x_1] & (2) \\ \quad \vdots & \vdots \\ f[x, x_0, \cdots, x_{n-1}] = f[x_0, \cdots, x_n] + (x - x_n)f[x, x_0, \cdots, x_n] & (n+1) \end{cases}$$

由 $(1) + (x - x_0) \times (2) + \cdots + (x - x_0) \cdots (x - x_{n-1}) \times (n+1)$ 可以推出

$$\begin{aligned} f(x) = &f(x_0) + f[x_0, x_1](x - x_0) + \\ &f[x_0, x_1, x_2](x - x_0)(x - x_1) + \cdots + \\ &f[x_0, \cdots, x_n](x - x_0) \cdots (x - x_{n-1}) + \\ &f[x, x_0, \cdots, x_n](x - x_0) \cdots (x - x_{n-1})(x - x_n) \qquad (5-9) \end{aligned}$$

对比公式 $(5-6)$ 与公式 $(5-9)$ 不难发现，当 $a_i = f[x_0, x_1, \cdots, x_i]$ 时，有

$$f(x) = N_n(x) + f[x, x_0, \cdots, x_n](x - x_0) \cdots (x - x_{n-1})(x - x_n)$$

$$(5-10)$$

其中，$(x - x_0) \cdots (x - x_n)f[x, x_0, \cdots, x_n]$ 为插值余项，即牛顿插值多项式的误差。牛顿插值公式得证。

【例题 5-2】 给出 $f(x)$ 的函数表，求四次牛顿插值多项式，并由此计算 $f(0.596)$ 的近似值。

解　首先根据给定函数表构造出差商表，见表 5-1。

表 5-1　差商表

x_k	$f(x_k)$	一阶均差	二阶均差	三阶均差	四阶均差	五阶均差
0.4	0.410 75					
0.55	0.578 15	1.116				
0.65	0.696 75	1.186	0.28			
0.8	0.888 11	1.275 73	0.358 93	0.197 33		
0.9	1.026 52	1.384 1	0.433 48	0.213	0.031 34	
1.05	1.253 82	1.515 33	0.524 93	0.228 6	0.031 26	−0.000 12

由差商表看到,四阶均差已近似于常数,故取四次插值多项式做近似即可。

$$N_4(x) = 0.41075 + 1.116(x - 0.4) + 0.28(x - 0.4)(x - 0.55) +$$
$$0.19733(x - 0.4)(x - 0.55)(x - 0.65) +$$
$$0.03134(x - 0.4)(x - 0.55)(x - 0.65)(x - 0.8) \qquad (5 - 11)$$

于是 $f(0.596) \approx N_4(0.596) = 0.63912$,由公式$(5 - 10)$得到截断误差:

$$R_4(x) \approx \left| f[x_0, \cdots, x_5] \omega_5(0.596) \right| \leqslant 3.63 \times 10^{-9}$$

3. 埃尔米特插值

为了得到光滑连续的插值函数,更多的信息被用于埃尔米特插值。埃尔米特插值不仅要求函数值重合,而且要求若干阶导数也重合,即插值函数 $\varphi(x)$ 需要满足

$$\varphi(x_i) = f(x_i), \quad \varphi'(x_i) = f'(x_i), \cdots, \varphi^{(mi)}(x_i) = f^{(mi)}(x_i)$$

与其他插值方式相同,N 个条件可以确定 $N-1$ 阶多项式。因此,埃尔米特插值有多种情况,这里列举常见的两种。

① 要求在一个节点 x_0 处直到 m_0 阶导数都重合的插值多项式即为 Taylor 多项式:

$$\varphi(x) = f(x_0) + f'(x_0)(x - x_0) + \cdots + \frac{f^{(m_0)}(x_0)}{m_0!}(x - x_0)^{m_0}$$

$$(5 - 12)$$

其余项为

$$R(x) = f(x) - \varphi(x) = \frac{f^{(m_0+1)}(\xi)}{(m_0+1)!}(x - x_0)^{(m_0+1)} \qquad (5 - 13)$$

② 只考虑 f 与 f' 的值。给定 $n+1$ 个互异的节点 $x_0, x_1, \cdots, x_n$,并已知函数值 $y_i = f(x_i)(i = 0, 1, \cdots, n)$ 以及导数值 $y'_{i_k} = f'(x_{i_k})(k = 0, 1, \cdots, m)$,其中 $0 \leqslant i_k \leqslant n, m \leqslant n$。

在次数不高于 $m+n+1$ 的多项式集合 D 中求一多项式,$H_{m+n+1}(x)$ 使其满足

$$\begin{cases} H_{m+n+1}(x_i) = y_i, & i = 0, 1, \cdots, n \\ H'_{m+n+1}(x_{i_k}) = y'_{i_k}, & k = 0, 1, \cdots, m \end{cases} \qquad (5 - 14)$$

由 $n+1$ 个插值节点以及对应的 $f(x)$ 的值可以得出 $n+1$ 个约束,并在这些节点中取出 $m+1$ 节点,重新排列得到 $x_{i_0}, x_{i_1}, \cdots, x_{i_m}$ 以及对应的 $y'_{i_0}, y'_{i_1}, \cdots, y'_{i_m}$,可以得出 $m+1$ 个约束,共 $m+n+2$ 个约束。

根据这些约束推导出 $P_{m+n+1}(x) = \sum_{i=0}^{m+n+1} a_i x^i = H_{m+n+1}(x)$,并保证 $H_{m+n+1}(x)$ 满足上述的要求,具体的求解可采用待定系数法,列方程求解,未知数个数与约

束方程个数相等,满足插值条件时有唯一解。

4. 分段低次插值

采用拉格朗日插值或牛顿插值时,插值多项式 $p(x)$ 不一定收敛于 $f(x)$,有可能存在高次插值的病态问题,即龙格(Runge phenomenon)现象。

例如:在 $[-5,5]$ 上考察 $f(x) = \dfrac{1}{1+x^2}$ 的 $L_n(x)$,取 $x_i = -5 + \dfrac{10}{n}i (i=0, 1, \cdots, n)$。

可逐渐增加插值节点数,做出阶次增高时的插值多项式,画出曲线图像如图 5-7 所示。

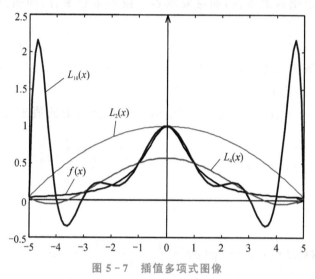

图 5-7 插值多项式图像

图中曲线 $f(x)$ 为原函数图像,曲线 $L_2(x)$、$L_4(x)$、$L_{10}(x)$ 分别代表 $n=2$、$n=4$ 和 $n=10$ 的插值函数曲线。可以看出随着 n 越大,端点附近抖振越大,称为 Runge 现象。这一现象说明插值多项式并不会随着多项式阶数的增加而趋近原函数,反而会发生抖振。为解决这一问题,提出了分段低次插值的概念,即将整个插值区间细分为 n 段,并对每两个数据点之间的小区间应用低次多项式进行插值。最常见的分段低次插值有分段线性插值和三次样条插值。

分段线性插值很简单,从图像上看就是将所有数据点用折线连起来,得到的分段函数就是分段线性插值,如图 5-8 所示。在计算插值区间上的任意一点 x 的插值时,仅需利用该点左右两侧的两个节点,计算量与节点个数 n 无关。

分段线性插值法的优点是公式简洁、计算量少,并且具有较好的收敛性和稳定性。该方法有效避免了在计算机上进行高次幂乘法时常遇到的上溢和下溢的问题。然而,该方法也存在明显的缺点:失去了原函数的光滑性,导致各段折线的导数不连续。

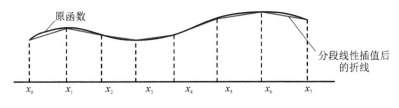

图 5 - 8　分段线性插值示意图

　　为了得到光滑且连续的曲线,具有自身光滑性的样条插值被广泛的应用。样条的概念来自于船体放样中所用的木制长条。一条船的外形曲线要求很光滑,又要通过一些定点(型值点),技术人员就用这种样条来画线。两个相邻节点之间的曲线可近似地看成三次多项式。这样,整个曲线不仅通过型值点,并且在整个区间上其一阶导数、二阶导数是连续的。与分段线性插值一样,样条插值也是经典的分段低次插值,其最常见的是采取三次样条插值的方式。这是由于大多数应用场合比如高速飞机的机翼形线、船体放样型值线、精密机械加工等都要求有二阶光滑度,通常三次样条函数即可满足要求。

　　三次样条的定义为:设 $a=x_0<x_1<\cdots<x_n=b_0$,三次样条函数 $S(x)\in C^2[a,b]$,且在每个 $[x_i,x_{i+1}]$ 上为三次多项式。若它同时还满足 $S(x_i)=f(x_i)(i=0,\cdots,n)$,则称 $S(x)$ 为 $f(x)$ 的三次样条插值函数。

　　如图 5 - 9 所示,虽然三次样条与埃尔米特插值都用到了导数信息,但三次样条 $S(x)$ 是自身光滑,不需要知道 f 的导数值(除了在 2 个端点可能需要);而埃尔米特插值则依赖于 f 在插值点的导数值。

图 5 - 9　三次样条与埃尔米特插值效果图

　　三次样条插值的推导过程和其他插值一样,本质上都是把插值条件作为约束,建立方程组求待定系数。

　　由 $n+1$ 个插值节点构造三次样条插值函数 $S(x)$:

　　① 在每个 $[x_i,x_{i+1}]$ 上为三次多项式:

$$S(x)=c_0+c_1x+c_2x^2+c_3x^3,\quad x\in[x_i,x_{i+1}]$$

共 n 个区间,需要确定 $4n$ 个参数。

　　② 在 (a,b) 上有连续的一阶和二阶导数:

$$S(x_i+0)=S(x_i-0), \quad i=1,2,\cdots,n-1 \left.\right\}$$
$$S'(x_i+0)=S'(x_i-0), \quad i=1,2,\cdots,n-1 \left.\right\} \quad (5-15)$$
$$S''(x_i+0)=S''(x_i-0), \quad i=1,2,\cdots,n-1 \left.\right\}$$

共$(3n-3)$个内部约束。

③ 满足 $S(x_i)=f(x_i)$，$i=0,\cdots,n$，共$(n+1)$个外部条件。

根据上述分析可知，所构造的样条插值有 $4n$ 个待定系数，而约束条件只有 $(4n-2)$个。因此，需要对其补充两个条件。这两个条件可以通过对边界点上的导数值给出约束，通常称之为边界条件。边界条件分为以下三类：

第 1 类边界条件：给定两边界点的二阶导数 $y_0''=f''(x_0)$，$y_n''=f''(x_n)$，并要求 $S(x)$ 满足 $S''(x_0)=y_0''$，$S''(x_n)=y_n''$。

第 2 类边界条件：给定两边界点的一阶导数 $y_0'=f'(x_0)$，$y_n'=f'(x_n)$，并要求 $S(x)$ 满足 $S'(x_0)=y_0'$，$S'(x_n)=y_n'$。

第 3 类边界条件：被插值函数 $f(x)$ 是以 x_n-x_0 为周期的函数，并要求 $S(x)$ 满足周期性条件：$S(x_0)=S(x_n)$，$S'(x_0^+)=S'(x_0^-)$，$S''(x_0^+)=S''(x_n^-)$。

补充边界条件后，方程数等于未知数个数，可解线性方程组得到三次样条函数的系数。但实际应用时，通常会采用三弯矩法来求解，效率更高。

综上所述，我们介绍了几种常用的插值方法，通过对比分析可以得到以下结论：

① 拉格朗日插值法：概念直观，计算简单。当节点数较少时，直接按照公式计算比较方便。然而，一旦需要增加节点，即使增加一个节点，也需要重新计算整个插值多项式，这导致了计算效率较低。因此，该方法适用于节点数较少且不经常改变节点的插值问题。

② 牛顿插值法：递推性好，计算方便。其系数可以通过差商表来计算。由于差商具有递推性质，当增加一个节点时，只需在现有基础上增加一项即可。该方法在需要动态增加节点进行插值计算的情况下具有明显优势，例如在一些实验数据的逐步分析过程中，随着数据点的不断获取，可以方便地更新插值多项式。

③ 埃尔米特插值法：可利用导数条件，精度较高。相比于拉格朗日插值法和牛顿插值法，在相同节点数量下，由于考虑了导数信息，埃尔米特插值通常能更好地逼近原函数。但其计算相对复杂，尤其是在节点数量较多时。该方法适用于对函数的光滑性要求较高的插值问题，例如在计算机图形学中对曲线进行平滑绘制，以及在数值微分和积分中的应用。

④ 三次样条插值法：光滑性好，且其分段低次的构造方式避免了高次多项式插值可能出现的龙格现象（即高次多项式在区间端点附近剧烈振荡的现象）。此外，该方法局部性好，改变一个节点的值只影响该节点附近的几个子区间的插值

多项式,因此局部修改时效率较高。三次样条插值法在工程绘图、计算机辅助设计等领域得到广泛应用。

5.2.3　插值的应用

插值的应用非常广泛,例如双三次插值可用于图像的放大或缩小,进而获得更高分辨率的图像;反距离权重插值可用于计算地形图上某个位置的高度,从而绘制出地形图的等高线;此外,插值方法还可应用于金融工程中的利率曲线、波动率曲面等数据的处理和分析。

在求解插值函数时,可根据所采用的方法编写相应的算法程序,或利用成熟的计算软件、工具箱来实现。例如,常用的 MATLAB 软件就提供了丰富的插值功能函数,用户直接调用即可。

以 MATLAB 2020b 版本为例,常用插值函数包括:
- interp1(x,y,xi,'method'):一维数据插值;
- interp2(X,Y,V,Xq,Yq,'method') :meshgrid 格式的二维网格数据的插值;
- interp3(X,Y,Z,V,Xq,Yq,Zq, 'method'):meshgrid 格式的三维网格数据的插值。

我们这里重点介绍一维插值和二维插值函数的使用方法。

1. 一维插值

当插值节点由一维坐标来定义时,插值函数为一条曲线。调用一维插值函数的格式:

yi=interp1(x,y,xi,'method')
- x:已知数据点的 x 坐标,单调向量;
- y:对应 x 的函数值,与 x 等长的向量;
- xi:需要插值的点的 x 坐标,标量或向量;
- method:是指定的插值方法,可选值有 'linear'(默认,线性插值)、'nearest'(最近邻插值)、'spline'(三次样条插值)、'cubic'(保型三次插值)。特别需要注意的是,cubic 使用了分段三次多项式,并且保证插值函数在插值区间内保持与原始数据相同的单调性和凹凸性。它通过特殊的斜率计算方法来实现保型特性。

对比这几种插值方式,效果如图 5-10 所示。临近插值('nearest')直接取最近点的值,虽然简单快速,但结果粗糙,有明显锯齿和不连续,适合对精度要求低、追求速度的场景。线性插值('linear')通过相邻点线性相连,计算快,能反映一定变化趋势,但不够平滑,对非线性数据误差大,适用于数据变化平缓的情况。

三次样条插值('spline')具有二阶光滑度,能高精度逼近复杂曲线,但计算量较大。保型分段三次插值(cubic)不仅平滑,还能保持原始数据单调性与凹凸性,避免虚假振荡,不过复杂度也较高,适合处理有特定形状特征的数据。

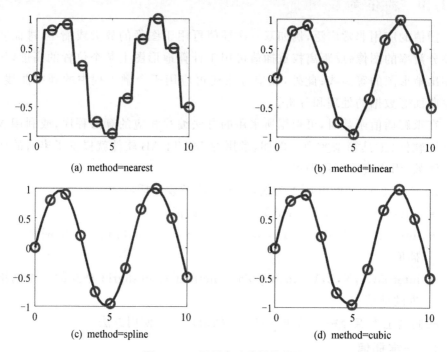

(a) method=nearest   (b) method=linear

(c) method=spline   (d) method=cubic

图 5 - 10　不同方法的插值效果

【例题 5 - 3】　已知飞机机翼下轮廓线的数据,见表 5 - 2,求 x 每改变 0.1 时的 y 值。

表 5 - 2　飞机机翼下轮廓线上数据

X	0	3	5	7	9	11	12	13	14	15
Y	0	1.2	1.7	2.0	2.1	2.0	1.8	1.2	1.0	1.6

　　解　以型值点数据为输入,采用三次样条插值画出飞机机翼的轮廓线,MATLAB程序如下:

```
X = [0 3 5 7 9 11 12 13 14 15];
Y = [0 1.2 1.7 2.0 2.1 2.0 1.8 1.2 1.0 1.6];
x = linspace(0, 15, 100);
y = interp1(X, Y, x, 'spline');
set(0,'defaultfigurecolor','w')
plot(x, y, 'b-', 'LineWidth', 2)
hold on
```

```
plot(X, Y, 'ro', 'MarkerSize', 8, 'MarkerFaceColor', 'r')
hold off
legend('插值曲线 ', '原始数据点 ')
axis equal
grid off
```

飞机机翼的下轮廓线仿真结果如图 5-11 所示。

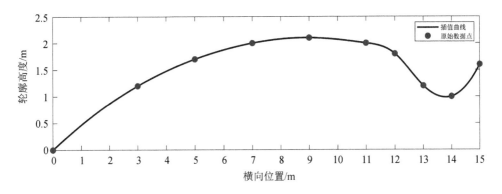

图 5-11 飞机机翼的下轮廓线仿真结果图

【例题 5-4】 某城市环保部门为研究公园湖泊的水温昼夜变化规律,在春季某天从上午 6:00 至下午 5:00 的 12 小时内,每隔 1 小时测量一次湖水表层温度,记录数据如下:5,8,9,15,25,29,31,30,22,25,27,24。为了分析水温的精细化变化,需要估计每隔 0.1 小时的温度值。请设计数值方法解决此问题。

解 以记录的时间温度数据为输入,采用三次样条插值得到光滑的温度曲线,插值点时间间隔为 0.1 小时。编写 MATLAB 程序如下:

```
hours = 6:17;
temps = [5 8 9 15 25 29 31 30 22 25 27 24];
h = 6:0.1:17;
t = interp1(hours, temps, h, 'spline');
figure;
plot(hours, temps, 'o', 'MarkerSize', 8, 'MarkerFaceColor', 'r', 'DisplayName', ' 温度 ');
hold on;
plot(h, t, 'b-', 'LineWidth', 1.5,  'DisplayName', ' 温度变化插值曲线 ');
legend('show', 'Location', 'northwest');
grid off;
```

输出的结果如图 5-12 所示。

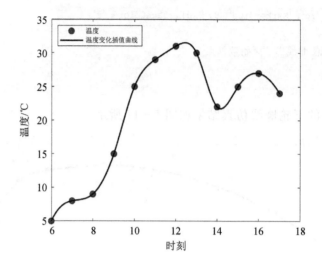

图 5 - 12　温度变化的插值曲线

2. 二维插值

当插值节点由平面上的二维坐标 (x,y) 来定义时,插值输出的是一个近似曲面,称为二维插值。二维插值根据数据分布规律可以分为网格节点插值和散点数据插值,针对这两类不同的节点分布,MATLAB 中分别提供了函数 interp2() 与 griddata() 来进行二维插值。

首先介绍基于均匀分布的网格节点(如图 5 - 13(a)所示)的数据插值。

已知有 $m \times n$ 个节点:$(x_i,y_j,z_{ij})(i=1,2,\cdots,m;j=1,2,\cdots,n)$,其中 x_i、y_j 互不相同,且等间距分布,不妨设

$$a = x_1 < x_2 < \cdots < x_m = b, \quad c = y_1 < y_2 < \cdots < y_n = d \quad (5-16)$$

求任一插值点 $(x^*,y^*)(\neq(x_i,y_j))$ 处的插值 Z^*,可调用 MATLAB 提供的函数 interp2。

插值函数 interp2 格式为:

ZI = interp2(X,Y,Z,XI,YI,'method')

- X 和 Y 分别是包含已知数据点的 x 坐标和 y 坐标的矩阵,通常由 mesh-grid 函数生成。
- Z 是与数据点对应的函数值矩阵。
- XI 和 YI 是需要进行插值的点的 x 坐标和 y 坐标的矩阵,也可以由 meshgrid 生成。
- method:指定插值方法,可选值有 'linear'(默认,双线性插值)、'nearest'(最近邻插值)、'spline'(三次样条插值)、'cubic'(双三次插值)。

针对散乱的插值节点,如图 5－13(b)所示,假设已知有 n 个节点:$(x_i,y_i,z_i)(i=1,2,\cdots,n)$ 其中 (x_i,y_j) 互不相同,求任一插值点 $(x^*,y^*)(\neq(x_i,y_j))$ 处的插值 Z^*,可调用函数 griddata。

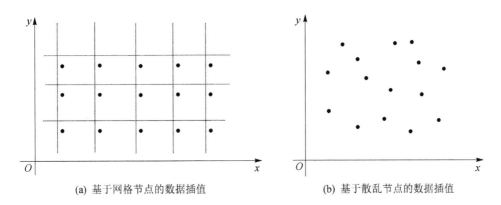

(a) 基于网格节点的数据插值　　　　(b) 基于散乱节点的数据插值

图 5－13　基于不同节点的数据插值

插值函数 griddate 格式为:

$$ZI = griddata(X,Y,Z,XI,YI,'method')$$

- X 和 Y 分别是包含已知数据点的 x 坐标和 y 坐标的矩阵;
- Z 是数据点对应的函数值矩阵;
- XI 和 YI 是需要进行插值的点的 x 坐标和 y 坐标的矩阵;
- method:可选值有 'linear'(基于三角剖分的线性插值)、'nearest'(最近邻插值)、'natural'(基于 Voronoi 图的自然邻域插值)、'cubic'(基于三角剖分的三次插值)和 'v4'(默认,双调和样条插值)。

method 选项没有 spline,是由于三次样条插值需要在规则网格上构建,无法直接应用于散点数据的三角剖分。默认选项 'v4' 通过求解双调和方程来构建插值函数,适合散乱、非均匀分布的二维数据点,生成的插值曲面具有全局平滑性,适合需要连续且光滑的插值结果(如地形、流体场等)。

对照片进行放大处理时,经常会用到插补来增强清晰度。例如我们需要对图 5－14(a)所示的鹦鹉图片做局部放大,由于是网格数据我们采用了 interp2 的双线性插值、双三次样条和最临近插值三种方法,从结果来看,双三次插值获得的图像较为清晰,条纹边缘过渡自然;双线性插值的图像条纹边缘相对锐利;最临近插值放大后的图片出现了马赛克颗粒,整体效果不理想。

处理图片的插补时,可以直接调用 MATLAB 函数 imresize,它内置了不同的插值算法,通过参数来选择,代码示例如下:

(a) 原图像

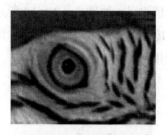
(b) 双线性插值

(c) 双三次样条

(d) 最临近插值

图 5 - 14　不同插值方法放大六倍图像的效果

```
image = imread('test.jpg'); % 读取图像
[originalRows, originalCols, ~] = size(image);
scale = 2;
newRows = round(originalRows * scale);
newCols = round(originalCols * scale);
% 创建插值所需的新网格
[originalX, originalY] = meshgrid(1:originalCols, 1:originalRows);
[newX, newY] = meshgrid(linspace(1, originalCols, newCols), linspace(1, original-
Rows, newRows));
% 使用三种插值方法进行处理
image_nearest = imresize(image, [newRows, newCols], 'nearest');
image_linear = imresize(image, [newRows, newCols], 'bilinear');
image_spline = imresize(image, [newRows, newCols], 'bicubic'); % MATLAB 中 'bicubic'
相当于双三次样条
```

【例题 5 - 5】　在某海域测得一些点 (x,y) 处的水深 z 数据,见表 5 - 3。已知船的吃水深度为 5 m,请在矩形区域 $(75,200)\times(-50,150)$ 中标记船应避免进入的区域。

表 5 - 3　某海域水深数据表

x	129	140	103.5	88	185.5	195	105	157.5	107.5	77	81	162	162	117.5
y	7.5	141.5	23	147	22.5	137.5	85.5	−6.5	−81	3	56.5	−66.5	84	−33.5
z	4	8	6	8	6	8	8	9	9	8	8	9	4	9

解　可通过四步求解：

① 输入插值基点数据。

② 在矩形区域$(75,200)\times(-50,150)$进行插值，由于是散点数据，采用 griddata 函数，method 采用 V4。

③ 作海底曲面图。

④ 标记水深小于 5 m 的海域范围，即 $z<5$ 的等高线。

```
%程序:插值并作海底曲面图
x=[129.0  140.0  103.5  88.0  185.5  195.0  105.5 157.5  107.5  77.0  81.0
162.0  162.0  117.5];
y=[7.5  141.5  23.0  147.0  22.5  137.5  85.5  -6.5  -81  3.0  56.5  -66.5
84.0  -33.5];
z=[4 8 6 8 6 8 8 9 9 8 8 9 4 9];
x1=75:1:200;
y1=-50:1:150;
[x1,y1]=meshgrid(x1,y1);
z1=griddata(x,y,z,x1,y1,'v4');         %使用 'v4' 方法进行二维插值
meshc(x1,y1,z1)                         %绘制网格曲面并显示等高线
z1(z1>=5)=nan;                          %将 z1 中大于或等于 5 的值设置为空
meshc(x1,y1,z1)
```

海底曲面图见图 5-15。水深小于 5 m 的海域范围见图 5-16。

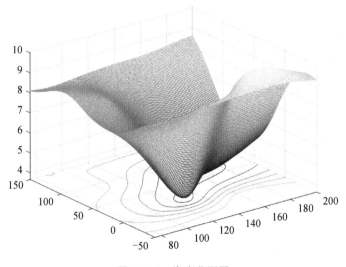

图 5-15　海底曲面图

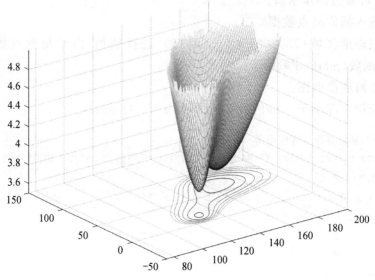

图 5 - 16　水深小于 5 m 的海域范围图

5.3　逼近的方法与应用

5.3.1　逼近-曲线拟合的函数表达

逼近又称为曲线拟合,如图 5 - 17 所示,其原理与插值类似。仍然是已知数据点 $x_0, \cdots, x_n; y_0 \cdots, y_n$ 求一个简单易算的近似函数 $y(x)$,以代替数据所反映的函数关系 $f(x)$。

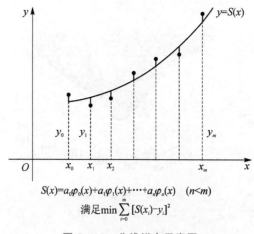

$$S(x) = a_0 \varphi_0(x) + a_1 \varphi_1(x) + \cdots + a_n \varphi_n(x) \quad (n < m)$$
$$\text{满足} \min \sum_{i=0}^{m} [S(x_i) - y_i]^2$$

图 5 - 17　曲线拟合示意图

　　然而,与插值情况不同的是:第一,n 的值很大,即数据量较大;第二,y_i 本身是测量值,即 $y_i \neq f(x_i)$,存在测量误差。在这种情况下,没有必要取 $y(x_i) = y_i$,而是力求误差 $y(x_i) - y_i$ 在总体上尽可能小。

　　因此,曲线拟合与插值问题不同,其主要解决基于试验结果的建模问题,不要求在已知数值点上的函数值与拟合函数值相同,只要总体误差最小即可。

　　在追求总体误差最小时,通常有三种做法:一是使 $\max\limits_{0 \leqslant i \leqslant m} | y(x_i) - y_i |$ 最小;二是使 $\sum\limits_{i=0}^{m} | y(x_i) - y_i |$ 最小;三是使 $\sum\limits_{i=0}^{m} | y(x_i) - y_i |^2$ 最小。

　　第一种方法过于复杂,求解过程繁琐;第二种方法由于函数不可导,求解较为困难。因此,采用最多的还是第三种方法,称为最小二乘法。这一方法最早由德国数学家高斯于 1794 年提出,其基本原理可表述为:通过最小化误差平方和来寻找数据的最佳函数匹配,从而以简便且准确的方式求得未知数据,并确保这些数据与实际数据之间的误差平方和最小。

5.3.2　最小二乘法

　　首先来介绍最小二乘法的基本思路。

　　第一步:先选定一组基函数 $r_1(x), r_2(x), \cdots, r_m(x), m < n$,令 $f(x) = a_1 r_1(x) + a_2 r_2(x) + \cdots + a_m r_m(x)$,其中 $a_1, a_2, \cdots, a_m$ 为待定系数。

　　第二步:用最小二乘准则确定 $a_1, a_2, \cdots, a_m$,使 n 个点 (x_i, y_i) 与曲线 $y = f(x)$ 的距离 δ_i 的平方和最小,记

$$J(a_1, a_2, \cdots, a_m) = \sum_{i=1}^{n} \delta_i^2 = \sum_{i=1}^{n} [f(x_i) - y_i]^2 = \sum_{i=1}^{n} \left[\sum_{j=1}^{m} a_j r_j(x_i) - y_i \right]^2$$

问题可归结为,求 $a_1, a_2, \cdots, a_m$ 使 $J(a_1, a_2, \cdots, a_m)$ 最小。

　　这是一个多元函数求极值的问题,令 $\dfrac{\partial J}{\partial a_k} = 0$,得到

$$\sum_{i=1}^{n} 2 \left[\sum_{j=1}^{m} a_j r_j(x_i) - y_i \right] r_k(x_i) = 0$$

整理后得

$$\sum_{i=1}^{n} \sum_{j=1}^{m} a_j r_j(x_i) r_k(x_i) = \sum_{i=1}^{n} y_i r_k(x_i)$$

以 $a_1, a_2, \cdots, a_m$ 为待求未知数,写出方程组:

$$
\begin{cases}
a_1 \sum_{i=1}^{n} r_1(x_i) r_1(x_i) + a_2 \sum_{i=1}^{n} r_2(x_i) r_1(x_i) + \cdots + a_n \sum_{i=1}^{n} r_n(x_i) r_1(x_i) = \\
\qquad \sum_{i=1}^{n} y_i r_1(x_i) \\
\qquad\qquad\qquad\qquad\vdots \\
a_1 \sum_{i=1}^{n} r_1(x_i) r_n(x_i) + a_2 \sum_{i=1}^{n} r_2(x_i) r_n(x_i) + \cdots + a_n \sum_{i=1}^{n} r_n(x_i) r_n(x_i) = \\
\qquad \sum_{i=1}^{n} y_i r_n(x_i)
\end{cases}
$$

$$(5-17)$$

显然,当该方程组的系数矩阵为非奇异阵时,方程组有唯一解,即用最小二乘法求得拟合函数。

当数据量较大、模型较为复杂时,可以利用 MATLAB 函数作线性最小二乘拟合。

具体步骤:① 假设拟合的多项式形式为 $f(x) = a_1 x^m + \cdots + a_m x + a_{m+1}$,调用 MATLAB 中的多项式拟合函数,表示为 P=polyfit(x,y,m)。其中,x,y 为已知数据,m 是拟合多项式次数,P 为返回的多项式系数向量。② 求拟合曲线上任意 x_q 处的函数值 y_q 时,可用函数指令 y_q=polyval(P,x_q)求解。

在评价拟合的曲线时,通常会用误差平方和来做定量分析。

误差平方和(Sum of Squared Errors,SSE)是衡量拟合模型与实际数据之间差异程度的一个常用指标,它的基本思想是计算每个数据点的实际值与模型预测值之间差值的平方,然后将所有这些平方值相加,也就是最小二乘法的目标函数。

假设我们有 n 个数据点(x_i, y_i),其中 $i=1,2,\cdots,n$,x_i 是自变量的值,y_i 是因变量的实际观测值。对于给定的拟合模型 $\hat{y}_i = f(x_i; p)$,其中 p 是模型的参数向量,$\hat{y}_i$ 是模型在 x_i 处的预测值。

误差平方和的计算公式为:

$$\text{SSE} = \sum_{i=1}^{n} (y_i - \hat{y}_i)^2 = \sum_{i=1}^{n} [y_i - f(x_i; p)]^2$$

5.3.3　非线性曲线拟合

当被拟合的数据呈现显著的非线性时,也可以采用非线性函数来拟合。这里我们介绍一种常用的非线性曲线拟合方法,即将问题转化为线性最小二乘问题进行求解。

首先,如果曲线组的函数结构为 $y(x) = f(x, c_0, c_1, \cdots, c_n)$,其中 $c_0, c_1, \cdots,$ c_n 为待定的参数,并且 f 关于 c_i 为非线性关系,定义 $f(x)$ 与已知点的误差平方和为

$$J(c_0, c_1, \cdots, c_n) = \sum_{i=0}^{m} \left[f(x_i, c_0, c_1, \cdots, c_n) - y_i \right]^2$$

求令 J 最小的 $y(x)$ 称为非线性最小二乘拟合问题。

在处理非线性最小二乘问题时,通常采用换元法将非线性函数转化为线性函数,进而利用最小二乘法求解待定系数。求解完成后,再通过反变换还原至原来的非线性函数的形式。为阐明此求解过程,这里用两个例子来说明。

① $y(x) = \dfrac{1}{c_0 + c_1 x}$ 可以等效变换为:$\dfrac{1}{y} = c_1 x + c_0$,此时 $\dfrac{1}{y}$ 与 x 成线性关系,可由最小二乘法求出 c_0, c_1。

② $y(x) = a\mathrm{e}^{bx}$ 可以两边取对数转化为:$\ln y = \ln a + bx$,此时 $\ln y$ 与 x 成线性关系,由最小二乘法求 $\ln a$ 和 b,再导出 a。

【例题 5 - 6】 已知系统的输入输出测量值如表 5 - 4 所列,通过非线性最小二乘拟合方法求解输入输出的关系表达式。

表 5 - 4　数据点

x	0	4	11	19	20	40	55	72
y	0	10	16	26	23	28	29	32

解　首先画出已知数据点,如图 5 - 18 所示,根据分布情况推测可能的拟合曲线形式为指数曲线或双曲线。

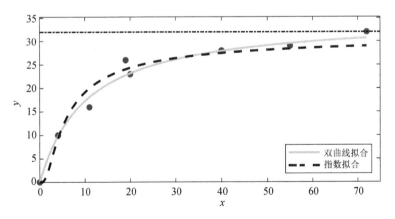

图 5 - 18　非线性函数拟合

① 利用双曲线拟合时：设 $y=P(x)=\dfrac{x}{ax+b}$，求 a 和 b 使得 $\delta(a,b)=$

$\displaystyle\sum_{i=0}^{m}\left(\dfrac{x_i}{ax_i+b}-y_i\right)^2$ 最小。

将 $y=\dfrac{x}{ax+b}$ 化为 $\dfrac{1}{y}=\dfrac{ax+b}{x}=a+b\cdot\dfrac{1}{x}$，令 $Y=\dfrac{1}{y}$，$X=\dfrac{1}{x}$，则 $Y=a+bX$ 是一个线性问题。将 (x_i,y_i) 化为 (X_i,Y_i) 后，解 a 和 b。

② 利用指数拟合时：设 $y=P(x)=ae^{-b/x}(a>0,b>0)$。

两侧取对数得到 $\ln y=\ln a-\dfrac{b}{x}$，令 $Y=\ln y$，$X=\dfrac{1}{x}$，$A=\ln a$，$B=-b$，则 $Y=A+BX$ 是一个线性问题。将 (x_i,y_i) 化为 (X_i,Y_i) 后，先解 A 和 B，再得到 $a=e^A$，$b=-B$。

根据以上解题思路编写 MATLAB 代码如下：

```
x = [0 4 11 19 20 40 55 72];
y = [0 10 16 26 23 28 29 32];
% 绘制数据点
figure;
% 排除 x = 0 的点
non_zero_indices = x ~= 0;
x_nonzero = x(non_zero_indices);
y_nonzero = y(non_zero_indices);
% 双曲线模型线性化
X_curve = 1 ./ x_nonzero;
Y_curve = 1 ./ y_nonzero;
% 线性拟合
p_curve = polyfit(X_curve, Y_curve, 1);
a_curve = p_curve(2);
b_curve = p_curve(1);
% 原双曲线方程参数
% y = x / (a_curve * x + b_curve)
% 计算拟合值,包括 x = 0 的点
y_fit_curve = zeros(size(x));
for i = 1:length(x)
if x(i) == 0
y_fit_curve(i) = 0;        % 当 x = 0 时,原模型也为 0
else
y_fit_curve(i) = x(i) / (a_curve * x(i) + b_curve);
```

```
end
end
% 计算残差平方和
SSE_curve = sum((y - y_fit_curve).^2);
% % 指数拟合 (y = a * exp(-b/x)) → 线性化为 ln y = ln a - b/x
X_exp = 1 ./ x_nonzero;
Y_exp = log(y_nonzero);
% 线性拟合
p_exp = polyfit(X_exp, Y_exp, 1);
b_exp = p_exp(1);                 % 斜率对应 b
a_exp = exp(p_exp(2));            % 截距对应 ln a
% 计算拟合值,处理 x = 0 的情况
y_fit_exp = zeros(size(x));
for i = 1:length(x)
if x(i) == 0
y_fit_exp(i) = 0;
else
y_fit_exp(i) = a_exp * exp(b_exp / x(i));
end
end
% 计算残差平方和
SSE_exp = sum((y - y_fit_exp).^2);
y_approx = max(y);
plot([min(x), 75], [y_approx, y_approx], 'k-.', 'HandleVisibility', 'off', 'LineWidth', 1);
legend('双曲线拟合 ', '指数拟合 ', 'Location', 'southeast');
```

最终求得双曲线拟合模型中 $a = 0.029$, $b = 0.292$,指数拟合模型中 $a = 30.991$, $b = -4.798$,拟合曲线如图 5 - 20 所示。将原始数据代入拟合公式,可求得双曲线拟合与指数拟合的误差平方和分别为 17.050 5 和 31.993 0。

5.3.4 曲线拟合的应用

在实际工程应用或自然规律探索时,经常会面临对象的模型或运行规律未知的情形。在这种情况下,我们可以通过测量或收集统计数据来进行曲线拟合,从而获得输入和输出之间的映射关系描述,即对系统模型进行辨识,辨识后的模型又可用于预测系统输出或进行系统控制。

【例题 5 - 7】　表 5 - 5 中记录了在不同温度条件下对同一热敏电阻的阻值测量的数据,根据这些数据确定该电阻的数学模型,并计算该热敏电阻在 70 ℃时的阻值。

表 5-5　热敏电阻阻值

$t/℃$	20	32	51	73	88	95
R/Ω	765	826	873	942	1 010	1 032

解　由热敏电阻的工作原理可知,理想情况下,热敏电阻与温度呈线性关系。由此假设电阻模型为 $R=a+bt$,基于测量值可以用最小二乘法求出 a 和 b。

根据最小二乘的准则,有

$$J_{\min}=\sum_{i=1}^{N}v_i^2=\sum_{i=1}^{N}\left[R_i-(a+bt_i)\right]^2 \tag{5-18}$$

根据求极值的方法,对式(5-18)求导,得到

$$\begin{cases} \dfrac{\partial J}{\partial a}\bigg|_{a=\hat{a}}=-2\sum_{i=1}^{N}(R_i-a-bt_i)=0 \\[3mm] \dfrac{\partial J}{\partial b}\bigg|_{b=\hat{b}}=-2\sum_{i=1}^{N}(R_i-a-bt_i)t_i=0 \end{cases} \tag{5-19}$$

推得

$$\begin{cases} N\hat{a}+\hat{b}\sum_{i=1}^{N}t_i=\sum_{i=1}^{N}R_i \\[3mm] \hat{a}\sum_{i=1}^{N}t_i+\hat{b}\sum_{i=1}^{N}t_i^2=\sum_{i=1}^{N}R_it_i \end{cases} \tag{5-20}$$

解得

$$\begin{cases} \hat{a}=\dfrac{\displaystyle\sum_{i=1}^{N}R_i\sum_{i=1}^{N}t_i^2-\sum_{i=1}^{N}R_it_i\sum_{i=1}^{N}t_i}{N\displaystyle\sum_{i=1}^{N}t_i^2-\left(\sum_{i=1}^{N}t_i\right)^2} \\[6mm] \hat{b}=\dfrac{N\displaystyle\sum_{i=1}^{N}R_it_i-\sum_{i=1}^{N}R_i\sum_{i=1}^{N}t_i}{N\displaystyle\sum_{i=1}^{N}t_i^2-\left(\sum_{i=1}^{N}t_i\right)^2} \end{cases} \tag{5-21}$$

显然这是一个简单的二元方程组,代入所有已知的 (t_i,R_i) 测量数据,可解出 $\hat{a}=702.762,\hat{b}=3.4344$。热敏电阻的数学模型为 $R=\hat{a}+\hat{b}t+v$,测量值与拟合曲线如图 5-21 所示。并且当 $t=70\ ℃$ 时,$R=943.168\ \Omega$。热敏电阻的阻值随温度的变化如图 5-19 所示。

【例题 5-8】　对表 5-6 中的数据做二次多项式拟合并绘制相应的拟合曲线。

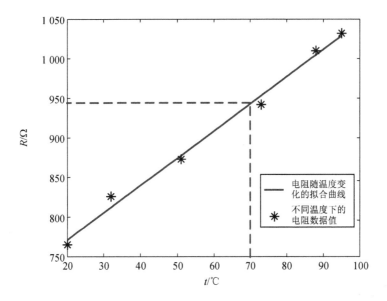

图 5 - 19　热敏电阻识别模型

表 5 - 6　用于拟合的数据

x_i	0	0.1	0.2	0.3	0.4	0.5	0.6	0.7	0.8	0.9	1
y_i	−0.447	1.978	3.28	6.16	7.08	7.34	7.66	9.56	9.48	9.30	11.2

解　设二次多项式为

$$f(x) = a_1 x^2 + a_2 x + a_3 \qquad (5-22)$$

采用最小二乘法求 $A = (a_1, a_2, a_3)$，使得 $\sum\limits_{i=1}^{11} [f(x_i) - y_i]^2$ 值最小。

输入以下命令：

```
x = 0:0.1:1;
y = [ - 0.447 1.978 3.28 6.16 7.08 7.34 7.66 9.56 9.48 9.30 11.2];
A = polyfit(x,y,2)
z = polyval(A,x);
plot(x,y,'k + ',x,z,'r')        % 绘制数据点与拟合曲线
```

基于数据点的二次拟合曲线如图 5 - 20 所示。

计算结果为

$$A = (-9.810\ 8, 20.129\ 3, -0.031\ 7)$$

$$f(x) = -9.810\ 8x^2 + 20.129\ 3x - 0.031\ 7$$

【例题 5 - 9】 1949—2019 年间我国的人口数据资料见表 5 - 7。通过建立模

115

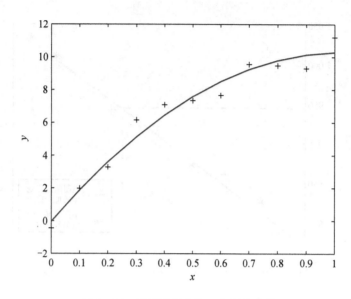

图 5-20 基于数据点的二次拟合曲线

型分析我国人口增长的规律,并基于该模型估计 2015 年与 2020 年人口数量,并作误差分析。

表 5-7 人口资料数据

年　份	人　口	年　份	人　口
1949	5.4 亿	1989	11.3 亿
1954	6 亿	1994	11.8 亿
1959	6.7 亿	1999	12.53 亿
1969	7 亿	2004	12.96 亿
1974	9.1 亿	2009	13.31 亿
1979	9.8 亿	2014	13.67 亿
1984	10.3 亿	2019	14.00 亿

　　解　由于人口增长的规律受到多种因素的影响,并没有一致通用模型,这里我们不妨假设可能存在的规律为线性增长或指数增长,分别进行曲线拟合并分析结果。

　　模型一,线性模型——人口随时间呈线性增长:

$$y = a + bx \tag{5-23}$$

　　模型二,指数模型——人口随时间呈指数增长:

$$y = a e^{bx} \tag{5-24}$$

线性模型较为简单,我们可以直接应用最小二乘法拟合。而对于指数模型,则需要考虑将其转换为线性形式再作拟合。

对于模型一:假设人口随时间呈线性增长,$y=a+bx$。输入统计数据 (x_i, y_i),拟合的误差可利用下式计算:

$$Q_i = \sum e_i^2 = \sum (y_i - a - bx_i)^2$$

调用函数指令 polyfit,可以计算出:$a=-249.631\ 0$,$b=0.130\ 9$。所求模型为:$y=-249.631\ 0+0.130\ 9x$。

对于模型二:用取对数的方式,将指数模型 $y=a\mathrm{e}^{bx}$ 转化为线性方程。将方程两边取对数得到 $\ln y = \ln a + bx$,令 $\ln y = Y$,$\ln a = A$,$x = X$,$b = B$,因此有 $Y = A + BX$。

对数据进行转化得到 (X, Y),利用 MATLAB 函数指令 polyfit,可以计算得到:$a=9.384\ 1\times10^{-12}$,$b=0.013\ 9$。则所求模型为:$y=9.384\ 1\times10^{-12}\mathrm{e}^{0.013\ 9x}$。

程序代码如下:

```
x = [1949 1954 1959 1964 1969 1974 1979 1984 1989 1994 1999 2004 2009 2014 2019];
y = [5.4 6.0 6.7 7.0 8.1 9.1 9.8 10.3 11.3 11.8 12.53 12.96 13.31 13.67 14.00];
A1 = polyfit(x,y,1);        % 调用拟合函数,返回系数向量 A1
x1 = [1949:1:2020];
y1 = polyval(A1,x1);        % 计算线性拟合值
A2 = polyfit(x,log(y),1);   % 对 y 取自然对数转化为线性拟合,对应 ln(y) = b * x + ln(a)
y2 = exp(polyval(A2,x1));   % 计算指数拟合值
plot(x,y,'*')
hold on
plot(x1,y1,'--r')
hold on
plot(x1,y2,'-k')
legend('统计数据','线性拟合曲线','指数拟合曲线');
```

图 5-21 所示为人口增加的规律曲线拟合。

结果分析:

① 误差平方和比较:

　　　线性模型误差 $Q_1 = 0.328\ 0$,　　指数模型误差 $Q_2 = 0.761\ 0$

即 $Q_1 < Q_2$,因此在给定区间内,线性模型更适合中国人口的增长。

② 用两个模型计算 2015 年和 2020 年人口,与统计数据进行对比分析,如表 5-8 所列。

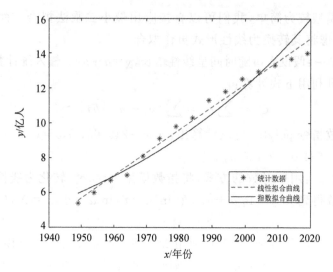

图 5 – 21　人口增加的规律曲线拟合

表 5 – 8　拟合模型用于 2015 年与 2020 年人口预测对比

数据来源	2015 年人口	2020 年人口
人口白皮书统计数据	13.67 亿	14.12 亿
线性预测	14.32 亿	14.84 亿
指数预测	14.91 亿	15.99 亿

　　显然两个模型的预测都不准确,指数模型的误差更大。人口预测是一个较为复杂的问题,受到自然环境、人口结构、生育政策、经济发展和社会保障体系等诸多因素的影响,在进行中长期预测时单一模型都会有较大偏差,可以尝试组合模型或更为复杂的时间序列模型来预测,当然正确考虑多种因素的影响修正模型有利于提升模型精度。

5.4　迭代与非线性方程求解

5.4.1　迭代法求解非线性方程的基本思想

　　迭代法是数值计算中一种常用的方法,广泛应用于求解线性方程组、非线性方程(组)以及微分方程的过程。它的基本思想是逐步逼近,首先取一个粗糙的近似值,然后用同一个递推公式反复修正这个初值,直至满足给定的精度要求。迭代法的关键在于构造递推公式,既要简单易算,又要保证得到的迭代序列收敛至方程的根。

在初等数学中我们学过二分法,通过不断对折根区间来逼近方程的根,其本质上就是一种迭代算法,但其应用范围有限。

【例题 5 - 10】 求 $f(x)=0$ 的根,$f \in C[a,b]$,且 $f(a) \cdot f(b)<0$。

解 可以采用二分法求解,其原理如图 5 - 22 所示。根据已知条件,$f(x)$ 穿过 x 轴,在区间 $[a,b]$ 上有一个实根。因此,选取 $[a,b]$ 作为根的初始区间。通过不断对折该区间,利用区间端点的函数值异号来确定新的根区间,并重复这一过程。当区间缩小至足够的范围时,可以近似得到方程的根。

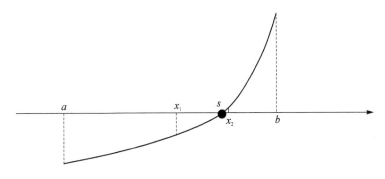

图 5 - 22 二分法示意图

为了确保获得精确的结果,可以设置迭代的截止条件:$|x_{k+1}-x_k|<\varepsilon_1$ 或 $|f(x)|<\varepsilon_2$。然而,在某些情况下,选择后者可能会无法保障结果的精度性。例如,在图 5 - 23 中所展示的情形,$f(x)$ 在根附近变化非常缓慢,导致 $|f(x)|<\varepsilon_2$ 时,x 仍然与方程根 s 相距甚远。在这种情况下,宜选择判定 $|x_{k+1}-x_k|<\varepsilon_1$ 作为截止条件。

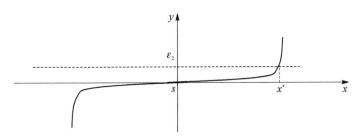

图 5 - 23 二分法特例示意图

二分法的误差分析:

第 1 步产生的 $x_1 = \dfrac{a+b}{2}$ 存在误差 $|x_1-s| \leqslant \dfrac{b-a}{2}$;

第 k 步产生的 x_k 存在误差 $|x_k-s| \leqslant \dfrac{b-a}{2^k}$。

对于给定的精度 ε,可以估算出二分法所需的步数 k:

$$\frac{b-a}{2^k} < \varepsilon \quad \Rightarrow \quad k > \frac{\ln(b-a) - \ln \varepsilon}{\ln 2} \tag{5-25}$$

采用这种方法进行计算相对简单,且对于 $f(x)$ 要求不高,只要连续即可。然而,其缺点也十分明显,例如根的初始区间必须在实轴上确定,因此无法求复根。此外,以 $f(a) \cdot f(b) < 0$ 作为判定区间的条件,对于偶重根的情况无法得到满足,且收敛速度较慢。

5.4.2 简单迭代法

简单迭代法又称逐次逼近法,其基本思想是构造不动点方程,以求得近似的根,具体参见图 5-24 示意。所谓不动点方程,是由 $f(x) = 0$ 变换为等价方程 $x = \varphi(x)$,原方程的根 s 必满足 $s = \varphi(s)$,即 $\varphi(x)$ 作用在 s 上,其值保持变化。因此,s 也被称为 $\varphi(x)$ 的不动点,求解 $f(x)$ 的根也就是求 $\varphi(x)$ 的不动点。具体做法如下:

从一个初值 x_0 出发,计算 $x_1 = \varphi(x_0)$, $x_2 = \varphi(x_1)$, $\cdots$, $x_{k+1} = \varphi(x_k)$, $\cdots$, 若得到的序列 $\{x_k\}_{k=0}^{\infty}$ 收敛,即存在一个 s 使得 $\lim\limits_{k \to \infty} x_k = s$, 且 φ 连续,则由 $\lim\limits_{k \to \infty} x_{k+1} = \lim\limits_{k \to \infty} \varphi(x_k)$ 可知 $s = \varphi(s)$, 即 s 是 φ 的不动点,也就是 $f(x)$ 的根。

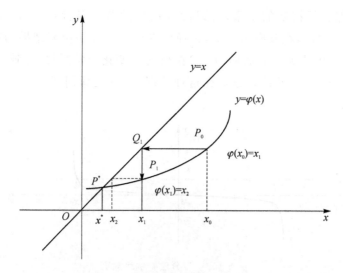

图 5-24 简单迭代法示意图

结合图 5-24,我们可以阐释简单迭代法的几何意义:求解方程 $x = \varphi(x)$ 的根在几何上等同于寻找 $y = \varphi(x)$ 与 $y = x$ 的交点 P^* 的横坐标。首先设定一个估计初值 x_0,通过曲线 $y = \varphi(x)$ 得到以 x_0 为横坐标的点 P_0,P_0 的纵坐标为 $\varphi(x_0) = x_1$,过 P_0 作一条与 x 轴平行的线,使其与直线 $y = x$ 交于一点,过该点再作一条与 y 轴平行的线与曲线 $y = \varphi(x)$ 相交于 P_1 点,其横坐标即为 x_1。按照此方法进行迭代,可依次得到一系列点 $P_0,P_1,P_2,\cdots$,这些点的横坐标分别为 $x_0,x_1,x_2,\cdots$,恰好是按照公式 $x_{k+1}=\varphi(x_k)$ 所确定的迭代值。如果迭代过程收敛,那么 $P_0,P_1,P_2,\cdots$ 这些点将越来越接近所求交点 P^*。

简单迭代法的关键是找到合适的不动点方程 $x=\varphi(x)$,使得 $\{x_k\}_{k=0}^{\infty}$ 收敛。我们需要探讨如何判定收敛,这里给出四种情况以供对比分析。如图 5-25 所示,函数 $\varphi(x)$ 在迭代区间内若单调递增或单调递减,其凹凸性和变化趋势会不同。根据迭代法的几何解释,我们可以通过绘图来分析四种情况下的迭代序列。从结果来看,图(a)和(b)中的序列收敛,而(c)和(d)中的序列发散,共同特征是前者曲线变化平缓,而后者显示出较陡的趋势。因此,收敛性可能与 $\varphi(x)$ 的导数值有关。经过严格的推导与证明,我们可以得到简单迭代法的收敛条件:s 是方程 $x=\varphi(x)$ 的根,$\varphi(x)$ 在 s 的一个邻域 $R=\{x\,|\,|x-s|<\delta\}$ 内导数存在,且存在正常数 $L<1$,使得 $|\varphi'(x)|\leqslant L<1$,则任取初值 $x_0\in R$,迭代序列 $x_{k+1}=\varphi(x_k)$ 收敛于 s。

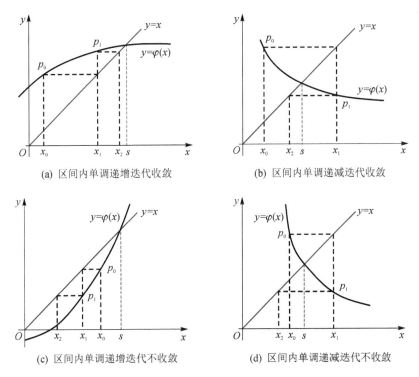

(a) 区间内单调递增迭代收敛 (b) 区间内单调递减迭代收敛

(c) 区间内单调递增迭代不收敛 (d) 区间内单调递减迭代不收敛

图 5-25　简单迭代法的不收敛性分析

【例题 5-11】　采用简单迭代法求解方程 $f(x)=x^3-x-1=0$ 在 $[1,2]$ 上的根,找到合适的不动点方程 $x=\varphi(x)$。

解　通过等价变化逐一列出可能的不动点方程,再利用收敛条件进行判定。

① $x=x^3-1=\varphi_1(x)$，得到迭代公式 $x_{k+1}=x_k^3-1$。有 $\varphi_1'(x)=3x^2$，当 $x\in[1,2]$ 时，$|\varphi_1'(x)|>1$，因此该迭代序列不收敛。

② $x=\sqrt[3]{x+1}=\varphi_2(x)$，得到迭代公式 $x_{k+1}=\sqrt[3]{x_k+1}$。当 $x\in[1,2]$ 时，$\varphi_2(x)\in[\sqrt[3]{2},\sqrt[3]{3}]\in[1,2]$。另 $\varphi_2'(x)=\dfrac{1}{3(1+x)^{2/3}}$，当 $x\in[1,2]$ 时，$|\varphi_2'(x)|<1$，因此该迭代序列收敛。

简单迭代法虽然可以通过等价变化直观地给出迭代公式，但其需要增加判定收敛的步骤，且有时难以很快找到适当的不动点方程，通常收敛速度较慢。鉴于此，17 世纪英国数学家牛顿提出了可以快速收敛的牛顿迭代法。

5.4.3　牛顿迭代法

牛顿迭代法又称切线法，其基本思想是以直代曲，即用切线与横轴交点近似零点，将非线性方程转化为某种线性方程求解，如图 5-26 所示。

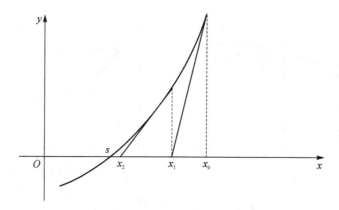

图 5-26　牛顿迭代法示意图

牛顿迭代法的原理，首先将 $f(x)$ 在 x_0 处作一阶泰勒级数展开：

$$f(x)=f(x_0)+f'(x_0)(x-x_0)+\frac{f''(\xi)}{2!}(x-x_0)^2,\quad x_0\leqslant\xi\leqslant x$$

$$(5-26)$$

取 $x\approx s$ 将 $(s-x_0)^2$ 看成高阶小量，取线性项有

$$0=f(s)\approx f(x_0)+f'(x_0)(s-x_0)\ \Rightarrow s\approx x_0-\frac{f(x_0)}{f'(x_0)}$$

可以得出迭代公式：

$$x_{k+1}=x_k-\frac{f(x_k)}{f'(x_k)}\qquad(5-27)$$

只要 $f\in C^1$，每一步迭代都有 $f'(x_k)\neq0$，而且 $\lim\limits_{k\to\infty}x_k=s$，$s$ 就是 f 的根。

【例题 5 - 12】　使用牛顿法来解函数 $f(x)=x^3-5x+1$ 在 $(2,3)$ 区间的零点，设初始解为 $x_0=3$。

解　首先根据题目确定算法流程：

① 初始化：设置初始解 x_0、容差 tol、最大迭代次数。

② 设计迭代循环：

计算函数值及导数：$f(x_k)$，$f'(x_k)$；

检查导数：若 $|f'(x_k)|$ 接近零，终止迭代；

更新解：$x_{k+1}=x_k-\dfrac{f(x_k)}{f'(x_k)}$；

误差计算：$\mathrm{err}=|x_{k+1}-x_k|$。

③ 终止条件：误差小于容差或达到最大迭代次数。

MATLAB 编程代码如下：

```
function newton_method_example()
    % 定义方程和导数
    f = @(x) x.^3 - 5 * x + 1;
    df = @(x) 3 * x.^2 - 5;
    x0 = 3;
    tol = 1e-8;                          % 容差
    max_iter = 20;                       % 最大迭代次数
    % 初始化
    x = x0;
    errors = [];
    roots = [];
    % 牛顿法迭代
    for k = 1:max_iter
        fx = f(x);
        dfx = df(x);
        if abs(dfx) < 1e-10
            error('导数值过小(%.2e),迭代终止于第%d次', abs(dfx), k);
        end
        x_new = x - fx / dfx;            % 计算新值
        err = abs(x_new - x);            % 绝对误差
        roots = [roots; x_new];          % 记录根
        errors = [errors; err];
        if err < tol
            break;
        end
        x = x_new;                       % 更新迭代值
    end
    % 输出结果
```

```
fprintf('迭代次数：%d\n', k);
fprintf('近似根：%.10f\n', x_new);
fprintf('最终误差：%.2e\n', err);
fprintf('残差 |f(x)|：%.2e\n', abs(f(x_new)));
```

　　求解结果分别如图 5-27，图 5-28 所示。图 5-27 展示了牛顿法迭代法利用函数的切线逼近零点的迭代过程。图 5-28 显示了近似解的误差随迭代次数的收敛过程。

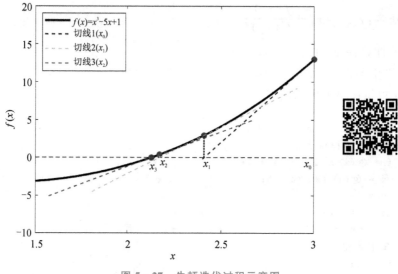

图 5-27　牛顿迭代过程示意图

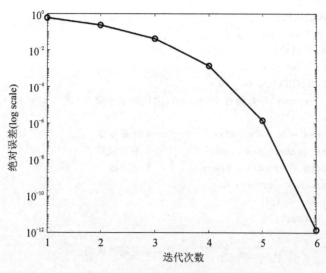

图 5-28　牛顿法误差收敛曲线

5.4.4　割线法

牛顿迭代法的优点是收敛速度快,缺点是每步迭代要计算 f 和 f',比较费时。特别是导数出现在分母上,当 $|f'(x_k)|$ 很小时,计算的精度要求极高,否则容易产生很大的误差。因此可以采用 f 值来近似 f',从几何图像上看,就是用割线斜率近似替代切线斜率,如图 5 - 29 所示。

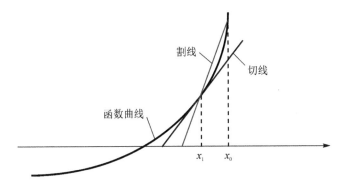

图 5 - 29　割线法示意图

图中当 x_1 接近 x_0 时,割线和切线有重合的趋势,因此可以取切线斜率约等于割线斜率,即

$$f'(x_k) \approx \frac{f(x_k) - f(x_{k-1})}{x_k - x_{k-1}} \tag{5-28}$$

由此得到割线法迭代公式:

$$x_{k+1} = x_k - \frac{f(x_k)(x_k - x_{k-1})}{f(x_k) - f(x_{k-1})} \tag{5-29}$$

割线法有鲜明的几何意义:依次用曲线上两点 $(x_{k-1}, f(x_{k-1}))$ 和 $(x_k, f(x_k))$ 的割线代替曲线(牛顿迭代法中是用切线),并用割线方程(线性函数)的零点代替 $f(x)$ 的零点,因此割线法又称为两点迭代法。相较于牛顿迭代法,割线法的收敛速度较慢,且需要两个初值 x_0 和 x_1,但其收敛速度通常高于简单迭代法,可证明其收敛阶至少是 1.618。

为了简化计算步骤,我们可以采用单点割线法,如图 5 - 30 所示:在割线法中,使用一个固定点 $(x_0, f(x_0))$ 来代替 $(x_{k-1}, f(x_{k-1}))$,每次只更新一个点。

单点割线法的迭代公式为

$$x_{k+1} = x_k - \frac{f(x_k)(x_k - x_0)}{f(x_k) - f(x_0)}$$

尽管简化了计算过程,但其代价是降低了收敛速度,可以证明单点迭代法为线性收敛。

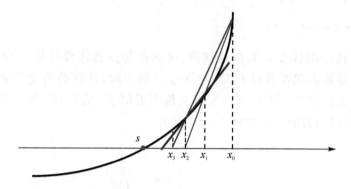

图 5-30　单点割线法

接下来,将通过求解一个简单的方程,来对比简单迭代法、牛顿迭代法和割线法的收敛速度与迭代过程。

【例题 5-13】　求解方程 $x^3-3x-1=0$ 在 $(1.5,2)$ 区间的根。

解　(1) 简单迭代法:首先需要将方程改写成 $x=g(x)=\sqrt[3]{3x+1}$,迭代公式为 $x_{k+1}=\sqrt[3]{3x_k+1}$,初始值 $x_0=2$。

MATLAB 代码如下:

```
function [root, iterations, errors] = simple_iteration(f, x0, tol, max_iter)
    iterations = 0;
    errors = [];
    while iterations < max_iter
        x_new = (3 * x0 + 1)^(1/3);
        errors = [errors, abs(x_new - x0)];
        if abs(x_new - x0) < tol
            root = x_new;
            return;
        end
        x0 = x_new;
        iterations = iterations + 1;
    end
    root = x_new
end
```

(2) 牛顿法:迭代公式为 $x_{k+1}=x_k-\dfrac{f(x_k)}{f'(x_k)}$,其中 $f'(x)=3x^2-3$,初始值 $x_0=2$。

MATLAB 代码如下:

```
function [root, iterations, errors] = newton_method(f, df, x0, tol, max_iter)
    iterations = 0;
    errors = [];
    while iterations < max_iter
        f_val = f(x0);
        df_val = df(x0);
        x_new = x0 - f_val / df_val;
        errors = [errors, abs(x_new - x0)];
        if abs(x_new - x0) < tol
            root = x_new;
            return;
        end
        x0 = x_new;
        iterations = iterations + 1;
    end
    root = x_new;
end
```

（3）割线法：初始值 $x_0 = 2, x_1 = 1.9$，迭代公式为

$$x_{k+1} = x_k - \frac{f(x_k)(x_k - x_{k-1})}{f(x_k) - f(x_{k-1})}$$

MATLAB 代码如下：

```
function [root, iterations, errors] = secant_method(f, x0, x1, tol, max_iter)
    iterations = 0;
    errors = [];
    while iterations < max_iter
        f_x0 = f(x0);
        f_x1 = f(x1);
        x_new = x1 - f_x1 * (x1 - x0) / (f_x1 - f_x0);
        errors = [errors, abs(x_new - x1)];
        if abs(x_new - x1) < tol
            root = x_new;
            return;
        end
        x0 = x1;
        x1 = x_new;
        iterations = iterations + 1;
    end
    root = x_new;
end
```

设置容差 tol $= 10^{-6}$，最大迭代次数 max_text $= 50$ 运行三个函数，结果如表 5-9、图 5-31 所示。

表 5-9　简单迭代法、牛顿法、割线法实验结果对比表

方　　法	迭代次数	根近似值	最终误差
简单迭代法	9	1.879 386	9.86×10^{-7}
牛顿法	3	1.879 385	3.26×10^{-9}
割线法	3	1.879 385	3.27×10^{-8}

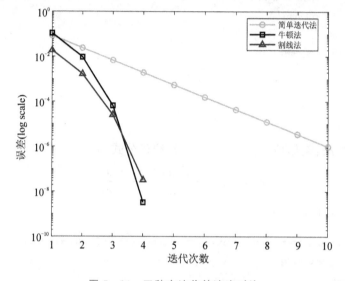

图 5-31　三种方法收敛速度对比

根据给出的实际运算结果，可以从以下两个方面进行详细分析：

① 收敛速度对比：简单迭代法进行了 9 次迭代才达到容差要求的结果。这是因为简单迭代法通过等价变换设定的迭代公式通常是线性收敛的，对函数本身特性的利用不够充分，因此收敛过程较为缓慢。牛顿法和割线法迭代 3 次后满足容差要求。牛顿法利用了函数的导数信息，通过构造切线来逼近函数的零点，具有二阶收敛特性，能够快速地靠近真实根。割线法是用差商来近似导数，它的收敛速度介于线性和二阶之间，因此也优于简单迭代法。

② 最终误差比较：简单迭代法的最终误差为 9.86×10^{-7}，这个误差虽然满足了预设的容差要求，但相对牛顿法和割线法来说较大。牛顿法的最终误差最小，为 3.26×10^{-9}，体现了牛顿法的高精度和快速收敛性。割线法的最终误差为 3.27×10^{-8}，虽然比牛顿法的误差大一个数量级，但仍然远小于简单迭代法的误差，且避免了求导，其计算简单，有较好的收敛特性。

参考文献

[1] 汤涛.科学计算的历史与展望[J].计算物理,2023,40(1):4-13.

[2] 林群.科学计算中的高性能有限元算法[J].航空学报,2002(5):416-420.

[3] 颜庆津.数值分析[M].北京:北京航空航天大学出版社,2010.

[4] 刘钝.《皇极历》中等间距二次插值方法术文释义及其物理意义[J].自然科学史研究,1994(04):305-315.

[5] [法]吉尔·多维克.计算进化史:改变数学的命运[M].劳佳,译.北京:人民邮电出版社,2017.

[6] Moler C B,MATLAB 数值计算[M].张志涌,译.北京:北京航空航天大学出版社,2013.

习　　题

1.试由 $f(x)=2^x$ 的函数表建立二次插值多项式 $p_2(x)$,用于计算 $2^{0.3}$ 的近似值,并估计误差。

x	−1	0	1
$f(x)$	0.5	1	2

2. 一物体的轮廓线数据如下:

x	0	3	5	7	9	11	12	13	14	15
y	0	1.2	1.7	2.0	2.1	2.0	1.8	1.2	1.0	1.6

用分段线性插值和三次样条插值分别计算 x 每改变 0.5 时 y 的值,并绘制轮廓线。

3. 某气象站从上午 6:00 开始,每小时记录一次温度数据,见下表:

时刻	6:00	7:00	8:00	9:00	10:00
x/h	0	1	2	3	4
温度 y/℃	18.0	19.5	22.0	24.5	25.0

为研究温度变化规律,使用最小二乘法对数据进行拟合,并估计上午 9:30 的温度(即 $x=3.5$ h)。

4. 某投资项目需要初始投入 200 万元,随后三年分别产生 80 万元、100 万元和 120 万元的净现金流。求该项目的内部收益率(IRR),即满足以下方程的利率 r:

$$-200+\frac{80}{1+r}+\frac{100}{(1+r)^2}+\frac{120}{(1+r)^3}=0$$

要求使用迭代法(简单迭代法、牛顿法、割线法)求解 r,并比较收敛速度。

5. 1994—2020 年我国人口数据资料如下表所列:

年　份	人　口	年　份	人　口	年　份	人　口
1994	11.8 亿	2003	12.88 亿	2012	13.54 亿
1995	12.05 亿	2004	12.96 亿	2013	13.61 亿
1996	12.18 亿	2005	13.04 亿	2014	13.67 亿
1997	12.3 亿	2006	13.11 亿	2015	13.74 亿
1998	12.42 亿	2007	13.18 亿	2016	13.82 亿
1999	12.53 亿	2008	13.25 亿	2017	13.90 亿
2000	12.63 亿	2009	13.31 亿	2018	13.95 亿
2001	12.72 亿	2010	13.38 亿	2019	14.00 亿
2002	12.8 亿	2011	13.47 亿	2020	14.12 亿

建模分析我国人口增长的规律,基于该模型预报 2021—2024 年我国人口数,并做误差分析。

第6章 数学思维方法与应用

6.1 思维和数学思维

思维指的是人脑对客观现实的概括和间接反映,属于人脑的基本活动形式。数学思维是运用数学概念、方法和逻辑,分析、推理和解决问题的思维方式,比如转化与归类、从一般到特殊、从特殊到一般以及函数/映射等。现代数学思维模式源自古希腊文化中的西方数学思维,其特点为公理化、逻辑化、演绎化。欧洲文艺复兴时期,实验归纳思维亦被纳入其中。中国古代数学注重准确和快捷的实际应用(问题导向),追求特定问题的模式化运算技巧(形数统一),对逻辑演绎化思维方法的强调相对较少。

培养正确的数学思维方法对于提升我们认识问题和解决问题的能力至关重要,而数学思维的核心则在于数学推理。数学推理分为演绎推理和合情推理。演绎推理有已知条件和求证目标,其结论蕴含在前提之中,是一种从抽象到具体的必然性推理。合情推理侧重于问题本身,需要推测问题中隐含的结论或因果关系,是一种比较自然且合乎情理的数学思维模式。它是基于已有的数学事实和正确的数学结论,或个人数学经验(数学实验或实践)和数学直观进行推测而得出某些结果的一种推理。这种推理通常借助于联想或直觉等非逻辑思维形式,并通过观察、实验、归纳、类比等特殊和一般方法直接获得某种数学结论。思维的非常规性(如跳跃性)和结论的或然性是其显著特点。由此可见,合情推理是发现新知识的重要推理形式,是科学研究的重要方法。而演绎推理更侧重于知识的学习。在数学思维中,合情推理与演绎推理相互交织,循环往复,难以明确区分。从推理的角度来看,合情推理与演绎推理之间并没有明显的界限,思维始于合情推理,通过演绎推理进行论证,最后回归至合情推理,并进行推广。

在社会生活中,医生诊断疾病、法官审理案件、军事家指挥战争、企业家捕捉商机等都需要应用合情推理。在科学探索中,合情推理是发现潜在规律的重要方法:开普勒从对火星运动的观测中提出了行星运动三大定律的假说;门捷列夫根据元素的性质所呈现的周期性变化,运用合情推理设计了元素周期表,并大胆地预测了新元素的存在及其性质;受到光的波粒二象性的启发,德布罗意提出了实物粒子也具有波动性的猜想,为量子力学的发展开辟了新的方向。而现代仿生学,则是类比推理在科技领域中应用的杰出成果。因此,合情推理在科学研究、技术创新和社会决策中具有不可替代的价值。它能够帮助人们在信息不完全或复杂多变的情境下,快速做出合理的假设和预测,从而推动知识的探索和创新,还为政策制定和社会治理提供了灵活的思路,加速了社会进步的步伐。

6.2　从概念和应用来理解合情推理

"合情推理"一词最早见于著名数学家乔治·波利亚(George Pólya,1887—1985 年)的著作《数学与猜想》中,他把合情推理称为"启发法"(heuristic),意指一种"有助于发现"的方法。这种方法不是机械地用来解决一切问题的"万能方法",而是根据具体情况,不断地提出问题和猜想,从而得出结论。"合情推理"一词在科学文献中并不鲜见,在开普勒、高斯、康托等人的著作中都有相关论述。

合情推理有多种诠释,下面是几种常见的观点。

乔治·波利亚在其著作中拓展了数学推理的范围,他把合情推理视为一种合理且真实的推理方式。然而与演绎推理的清晰和严谨不同,它没有固定的逻辑标准,其结论往往受到个人的情感、兴趣等主观因素的影响,因此具有争议性、风险性和暂时性,并且有时无法像演绎推理一样得到普遍认可。不难看出,波利亚对合情推理的论述比较模糊且不完整。

目前,教育研究者们对合情推理内涵的描述虽有不同,但总体可从三个角度进行阐述。第一,从逻辑学角度,相对于演绎推理,合情推理被看成是前提和结论之间没有必然联系的推理形式,其命题涉及的范围是由小到大的扩展,因此它也被称为非演绎推理;第二,从数学方法论角度,合情推理不仅被视为一种推理方式,还是科学发现的手段,归纳、类比、实验、观察、联想等方法都属于合情推理的范畴;第三,从教育心理学角度,合情推理与非认知因素,如情绪情感、兴趣动机和实践经验等密切相关。以上三种观点均准确阐释了合情推理的含义。第一种观点是合情推理的狭义理解,第二种观点则将合情推理与数学学科相结合,拓宽了合情推理的范围,因此也可称为合情推理的广义概念。

综上所述,合情推理的定义可以表述为:根据人们已有的认知活动和经验,在非智力因素的作用下,运用归纳、类比、观察、猜想、直觉等非演绎的思维方法,构建出符合客体发展的推理模式。这里我们通过几个实例来充分理解合情推理。

【例题 6-1】　如果 $f(x)$ 满足 $f(x+1)=f(x)-f(x-1)$,请证明 $f(x)$ 是一个周期函数。当满足 $f(0)=1,f(1)=3$ 时,求解 $f(2\,012)$。

解　此类问题若直接利用差分方程进行计算，并不是最佳求解方法，可以先从已知公式迭代求解的序列找规律。

由 $f(0)=1$，$f(1)=3$ 出发，可以用 $f(x+1)=f(x)-f(x-1)$ 计算出：

$$f(2)=2,\ f(3)=-1,\ f(4)=-3,\ f(5)=-2,\ f(6)=1,\ f(7)=3,\cdots$$

$$(6-1)$$

由该序列可猜测 $f(x)$ 满足 $f(x+3)=-f(x)$，$f(x+6)=f(x)$。这一过程就是合情推理。

进一步推导可验证：

$$\left.\begin{array}{l}f(x+3)=f(x+2)-f(x+1)=f(x+1)-f(x)-f(x+1)=-f(x)\\f(x+6)=f[(x+3)+3]=-f(x+3)=f(x)\end{array}\right\}$$

$$(6-2)$$

因此 $f(x)$ 是周期函数，其周期为 6，由此可算出：

$$f(2\ 012)=f(4+333\times6)=f(4)=f(1+3)=-f(1)=-3\quad(6-3)$$

本题的关键是，先通过迭代产生的解序列做合情推理找到函数的周期规律，再用归纳法，这样就能快速定位公式推导的突破口了。

【例题 6-2】　证明下式成立：

$$S=\sum_{n=1}^{\infty}\frac{1}{n^2}=\frac{\pi^2}{6}\qquad(6-4)$$

证明　式(6-4)中左边是无穷级数求和，右边含 π，可与三角函数联系起来。在前述章节的弦弧近似推导圆周率时，利用 $\frac{\sin x}{x}=0$ 的根展开式证明了这个公式，但没有给出无穷级数用根式来表达的思考过程。本例采用类比推理的方法作进一步阐述。

由于 $\sin x=x-\dfrac{x^3}{3!}+\dfrac{x^5}{5!}-\dfrac{x^7}{7!}+\cdots$，故

$$\frac{\sin x}{x}=1-\frac{x^2}{3!}+\frac{x^4}{5!}-\frac{x^6}{7!}+\cdots$$

先考虑有限项的多项式用根式展开，由于

$$b_0-b_1x^2+b_2x^4-\cdots+(-1)^nb_nx^{2n}=b_0\left(1-\frac{x^2}{\beta_1^2}\right)\left(1-\frac{x^2}{\beta_2^2}\right)\cdots\left(1-\frac{x^2}{\beta_n^2}\right)$$

成立，其中可求得 $b_1=b_0\left(\dfrac{1}{\beta_1^2}+\dfrac{1}{\beta_2^2}+\cdots+\dfrac{1}{\beta_n^2}\right)$，$\beta_1,-\beta_1,\cdots,\beta_n,-\beta_n$ 为 $2n$ 个不同的根。

当 $\dfrac{\sin x}{x}=0$ 时，方程的根为 $\pi,-\pi,\cdots,n\pi,-n\pi$，这里的自然数 n 可以趋近

无穷,因此对应的根表达式有无限项。按照上面的多项式根式写法,可以写出类似等式。

$$1 - \frac{x^2}{3!} + \frac{x^4}{5!} - \cdots + (-1)^n \frac{x^{2n}}{(2n+1)!} + \cdots$$

$$= 1 \times \left(1 - \frac{x^2}{\pi^2}\right)\left(1 - \frac{x^2}{4\pi^2}\right)\left(1 - \frac{x^2}{9\pi^2}\right)\cdots \qquad (6-5)$$

对比等式左右 x^2 项的系数,如果等式成立则 $\frac{1}{2 \times 3} = 1 \times \left(\frac{1}{\pi^2} + \frac{1}{4\pi^2} + \frac{1}{9\pi^2} + \cdots\right)$,整理后得到 $\sum\limits_{n=1}^{\infty} \frac{1}{n^2} = \frac{\pi^2}{6}$。

虽然此问题的推理证明过程较为曲折,用到了三角函数的级数表达、结构变化和方程求根,但通过观察、联想以及合理的推测,结合既有的知识和经验,因此是一个合情推理的过程。欧拉最终采用傅里叶级数严格证明了此公式的成立。

上述两个例子说明,对于数学问题,包括其他科学问题,我们可以先进行观察和实验,对问题的结论给出猜想或用数学模型来描述因果关系,然后再采用演绎或归纳推理来证明先前的猜想(或寻找反例以证明猜想不成立),并对数学模型的适用性进行检验,从而最终解决问题。这种推理过程就是合情推理。

我国古代数学家刘徽在割圆术中计算圆周率,是以"圆内接正多边形的面积"来无限逼近"圆面积"。最初,他基于观察和经验推测,增加圆内接多边形的边数可以精确逼近圆的面积,如图 6-1 所示,进一步观察后发现,圆的面积介于内接多边形和剪口多边形之间。最后他构造了递推公式和插值公式,求出了圆周率的值。这也是一种合情推理。

$$l_{2n} = \sqrt{\left(r - \sqrt{r^2 - l_n^2/4}\right)^2 + l_n^2/4}, \quad S_{2n} = \frac{n}{2}l_n, \quad n = 6, 12, \cdots$$

$$(6-6)$$

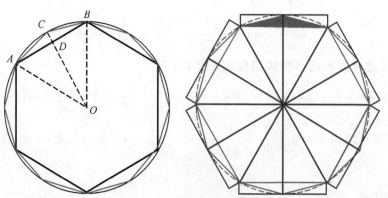

图 6-1　圆周率计算原理图

在解决现实世界中的问题时,我们通常要用数学语言和工具对问题进行描述和分析进而求解,这一过程称为数学建模。在数学建模中,合情推理发挥着至关重要的作用。首先,合情推理可以帮助我们从复杂的现象中提取关键信息,通过归纳、类比等方法建立合适的数学模型。例如,通过观察数据趋势,我们可以猜测一个合适的函数形式来描述变量之间的关系。其次,合情推理也用于模型的验证和改进,通过与实际数据的比较,我们可以调整模型参数,使模型更准确地反映现实情况。下面举例说明如何运用合情推理来建立实际问题的数学模型。

【例题 6-3】 相关统计数据显示,超速行驶造成的交通事故是人员伤亡的主要原因。行驶汽车由于惯性作用,刹车后还会继续滑行一段距离,这段距离称为"刹车距离"。某型号汽车在不同车速的刹车距离如表 6-1 所列。

表 6-1 某型号汽车刹车距离表

车速/(km·h^{-1})	0	5	10	15	20	25	30
刹车距离/m	0	0.1	0.3	0.6	1.0	1.5	2.1

如图 6-2 所示,当前有一辆汽车发生交通事故,现场测得刹车距离为 46.5 m,当前路段要求行驶车速低于 140 km/h。试分析此交通事故是由于汽车质量不合格还是司机超速造成的。

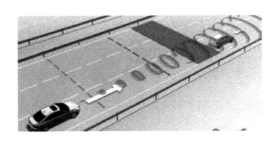

图 6-2 某型号汽车交通事故示意图

分析:刹车时车速是多少?是否为超速行驶?为此需要建一个刹车距离与车速之间关系的模型。

解 以车速和刹车距离为横、纵坐标,建立一个直角坐标系,并在该坐标系中标出表 6-1 中的数据点,通过这些点连线可以得到一个大致的函数图像,如图 6-3 所示。观察函数图像发现,它是开口向上的半只抛物线,由此可以假设这个二次函数满足下式:

$$y = ax^2 + bx + c, \quad a > 0, \quad x \geqslant 0 \qquad (6-7)$$

公式(6-7)有三个未知数,因此取前三对坐标代入函数关系式,由待定系数

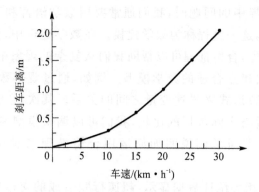

图 6 - 3 刹车距离数学模型坐标图

法得到 $y=0.002x^2+0.01x$。该式就是我们所求得的数学模型,将其余四个点的坐标代入进行验证,结果与这个数学模型相符。实际上,每个车速的刹车距离存在测量误差,一般采用拟合曲线(最小二乘法)来确定系数,再进一步检验未参与拟合的点是否符合函数关系,或运用数理统计的方法进行检验。

将刹车距离 46.5 m 代入函数关系中进行计算:$46.5=0.002x^2+0.01x$,解得刹车车速 $x=150$ km/h,超过了规定的行驶车速 140 km/h,因此可以断定事故的原因是超速行驶。

从这个例子可以看出,通过数学视角观察问题,猜测并建立数学模型,然后对模型再进行检验,最后解决问题,这就是基于合情推理的数学建模过程。

【例题 6 - 4】 试证明如下结论成立:
$$2\,015^{4\,029} > 4\,029! \tag{6-8}$$
分析:解决此类问题的思路是从特殊情形推广到一般情形。

证明 通过观察可知 $2\,015=\dfrac{4\,029+1}{2}$,为此采用合情推理的方法,若能证明 $\left(\dfrac{n+1}{2}\right)^n>n!$ 成立,则问题便可以顺利解决。

由于算术平均值总是大于几何平均值(算术平均值是指一组数据的总和除以数据的个数,几何平均值是对各变量值的连乘积开项数次方根),故下式成立:
$$\frac{n+1}{2}=\frac{n(n+1)}{2}\frac{1}{n}=\frac{1+2+\cdots+n}{n}>\sqrt[n]{1\times2\times3\times\cdots\times n}\Rightarrow$$
$$\left(\frac{n+1}{2}\right)^n>n! \tag{6-9}$$

因此公式(6-8)成立。

上述分析的证明过程正是根据已有的数学事实、数据和直觉经验推测某些数学结果为真的合情推理。

传统的推理方法,如欧几里得几何中的公理化推理,亦称为演绎推理,可以被定义为"一个必然地得出的思维过程"。这个过程一般会由一般性的前提出发,通过推导(即"演绎"),得出具体结论。演绎推理的前提与结论之间有必然性的联系(即"蕴涵"关系),其前提中即包含结论。因此,演绎推理得出的结论没有超出前提所确定的知识范围。以三段论"所有人会死,苏格拉底是人,所以苏格拉底会死"为例,大小前提本身已经包含了结论,演绎推理只是揭示了它的过程。相比而下,合情推理所得的结果往往是新的认识,更能发现新的规律。合情推理得出的结果只是初步的,必须经过演绎证明或模型检验来确认结论的正确性或模型的适用性,然后才能确定其是否成为新的规律。

6.3　合情推理的主要推理形式

合情推理属于可能性推理,根据人们的经验、知识、直观与感觉推测得到一种可能性结论的推理过程。合情推理包括归纳推理、拓广推理、似然推理、类比推理、逆向推理和统计推理六种主要推理方式。以下对这六种推理方式逐一介绍。

6.3.1　归纳推理

归纳推理可以被定义为"一个由个别到一般的思维过程。这个过程由关于个别事物的观点出发,通过对其中共性的总结和推导,得出一般原理和原则的方法",是一种纵向思维方式。在自然界和社会中,一般存在于个别、特殊之中,并通过个别而存在。一般都存在于具体的对象和现象之中,因此,只有通过认识个别,才能认识一般。人们在阐释一个较大事物时,往往从个别、特殊的事物总结概括出各种各样的带有一般性的原理或原则,然后才可能从这些原理、原则出发得出关于个别事物的结论。这种认知过程贯穿于人们的解释活动的始终,不断从个别上升到一般,即从对个别事物的认识逐步上升到对事物的一般规律性的认识。

归纳推理的一般形式类似于"A 具有 P 性质,B 具有 P 性质,C 具有 P 性质……所以,对于 A、B、C 共同属于的种类 X,X 具有 P 性质"。无论处于什么形式下,归纳推理的前提和结论之间都没有必然性的逻辑联系。归纳推理中,除了完全归纳推理外,所得结论都超出了前提给定的知识范围。以归纳推理"这只乌鸦是黑的,那只乌鸦也是黑的……所以,天下乌鸦一般黑"为例,前提中的"黑乌鸦"只是个别乌鸦,而结论却是全部乌鸦都是黑乌鸦,已经超出了前提给定的知识范围了。完全归纳推理是基于某类事物的每一对象都具有某种属性,从而推出该类事物都具有该种属性之结论的推理方法。其逻辑形式:S1 是 P,S2 是 P,……,Sn 是 P;S1,S2,…,Sn 是 S 类中的全部对象;所以,所有 S 都是 P。这种归纳推理方法通过对命题蕴含的所有特殊情况进行研究,进而从特殊到一般归纳出命题的成立。因此,在论证上会显得更为强有力。这里我们用两道例题来形象地解释归纳推理。

【例题 6-5】 求下列表达式序列的一般规律并证明:

$$
\left.
\begin{aligned}
&1=1 \\
&1-4=-(1+2) \\
&1-4+9=1+2+3 \\
&\qquad\vdots
\end{aligned}
\right\}
\qquad (6-10)
$$

解 将已知式子改写,则有

$$
\left.
\begin{aligned}
&1^2=1 \\
&1^2-2^2=-(1+2) \\
&1-2^2+3^2=1+2+3 \\
&\qquad\vdots
\end{aligned}
\right\}
\qquad (6-11)
$$

仔细观察会发现,如果依据最后一项是奇数还是偶数来划分,这些式子可被分为两类。不妨对此进行推测,以推导出其扩展到 n 的一般形式:

n 为奇数的情况:

$$1-2^2+3^2-\cdots+n^2=1+2+3+\cdots+n$$

n 为偶数的情况:

$$1-2^2+3^2-\cdots-n^2=-(1+2+3+\cdots+n)$$

将上述两种情况归纳起来,则可以写为

$$1-2^2+3^2-\cdots+(-1)^{n+1}n^2=(-1)^{n+1}(1+2+3+\cdots+n)$$

$$=(-1)^{n+1}\frac{n(n+1)}{2} \qquad (6-12)$$

式(6-12)是我们推测所得的结果,可通过数学归纳法加以证明。实际上,我们已经验证了当 $n=1,2,3$ 时,式子均成立,因此不妨假设对于 n,公式(6-12)成立,采用递推的逻辑来考察 $n+1$ 的情形:

公式改写为

$$1-2^2+3^2-\cdots+(-1)^{n+1}n^2+(-1)^{n+2}(n+1)^2$$

$$=(-1)^{n+1}\frac{n(n+1)}{2}+(-1)^{n+2}(n+1)^2$$

$$=(-1)^{n+2}\frac{(n+1)(n+2)}{2} \qquad (6-13)$$

显然,公式(6-13)等价于公式(6-12),这表明该公式对于 $n+1$ 也成立。由此可得题目中的表达式序列存在一般规律,即公式(6-12)成立。

归纳推理是一种从特殊情况推导出一般性规律的逻辑方法,可通过观察多个具体实例,总结出普遍规律或概念。因此归纳推理还包括剖分法和穷竭法。剖分法将问题或情形分解为若干个部分,分别进行细致的观察和分析,最后将各部分的结论综合得出整体的结论。而穷竭法是通过逐一列举所有可能的情形或实例,以找出普遍规律或结论。以下我们通过例题阐释归纳推理中的剖分法和穷竭法在求解三棱锥体积问题中的应用。

【例题 6-6】 证明三棱锥体积公式 $V = \frac{1}{3}Sh$,其中 S 和 h 分别为三棱锥的底面积和高。

① 采用剖分法证明三棱锥体积公式。其基本思路是将三棱柱分割为三个体积相等的小三棱锥,再求体积。

证明 如图 6-4 所示,以 $\triangle ABC$ 为底面、AA' 为侧棱作三棱柱 $ABC - A'B'C'$,接着连接 $A'C$ 和 $B'C$,将该三棱柱分割为三个小的三棱锥,其体积分别为 V_1、V_2、V_3。由于四边形 $AA'B'B$ 是平行四边形,对于三棱锥 $C - A'AB$ 和 $C - A'BB'$,有 $S_{\triangle A'AB} = S_{\triangle A'BB'}$。又因它们有公共顶点 C,故其高也相等,所以由"等高、等底面积,则体积相同"的引理可证 $V_1 = V_2$。同理可证 $V_2 = V_3$,则 $V_1 = V_2 = V_3$,$V = V_1 = \frac{1}{3}Sh$。证毕。

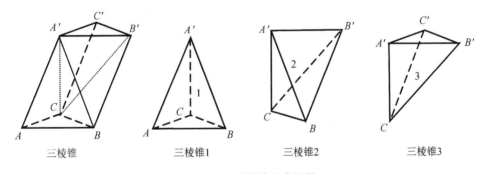

图 6-4 三棱锥体积求解图

剖分法体现了一种"化整为零"的思想,它从易于求解之处入手,再利用总量恒不变获得最终结果。在《九章算术注》中提到的"出入相补"原理也可视为剖分法的一种应用。

② 采用穷竭法证明三棱锥体积公式。穷竭法的产生归功于欧多克斯比例理论的推广。欧几里得首先利用穷竭法的思想推导出了三棱锥的体积公式,这一成果记录于《几何原本》卷 XI 命题 3 和命题 4。他把三棱锥剖分成两个小的三棱锥和两个棱柱,具体的做法及证明如下。

证明 如图 6-5 所示,在三棱锥 $A'-ABC$ 中,连接各边相应的中点将原三棱锥分为两个小三棱柱与两个小三棱锥,有

$$V_{DEF-GIC} = S_{\triangle GIC} \times h_F = \frac{1}{4}S \times \frac{1}{2}h = \frac{1}{8}Sh \qquad (6-14)$$

$$V_{DGH-EIB} = \frac{1}{2}S_{GHBI}h_D = \frac{1}{2} \times \frac{1}{2}S \times \frac{1}{2}h = \frac{1}{8}Sh \qquad (6-15)$$

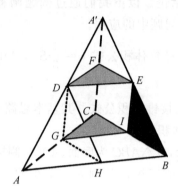

图 6-5　三棱锥体积计算原理图

所以两个柱体的体积和为

$$V_1 = \frac{1}{8}Sh + \frac{1}{8}Sh = \frac{1}{4}Sh \qquad (6-16)$$

再对两个小三棱锥进行同样的分割,得到四个小三棱柱的体积和

$$V_{DGH-EIB} = 2 \times \frac{1}{4}S_{\triangle AHG}h_D = 2 \times \frac{1}{4} \times \frac{1}{4}S \times \frac{1}{2}h = \frac{1}{4^2}Sh \qquad (6-17)$$

以此类推,对小棱锥不断地剖分,当分割次数足够多时,可用所有三棱柱的体积之和来近似计算原三棱锥的体积。这种方法与割圆术中采用的逼近思想与递推形式具有相似性。因此,三棱柱的体积可以表示为等比级数求和的形式,最终得到

$$V = \left(\frac{1}{4} + \frac{1}{4^2} + \frac{1}{4^3} + \cdots\right)Sh = \frac{1/4}{(1-1/4)\,Sh} = \frac{1}{3}Sh \qquad (6-18)$$

证明完毕。

穷竭法原理体现了西方数学对于无穷小概念的处理方式。在计算球的体积、表面积以及抛物线弓形面积时,阿基米德巧妙地运用了穷竭法,其推演过程也逐步成熟。穷竭法与割圆术都蕴含了逼近的思想,与积分只有一步之遥。

《九章算术》中记载的圆面积公式"半周半径相乘得积"也是基于穷竭法和出入相补原理得到的。如图 6-6 所示,将圆分割成 n 个扇形并按图(c)所示拼接,则每个扇形的圆心角为 $2\pi/n$。假设圆的半径为 r,随着 n 的增加,当 n 趋于无穷大时,图(c)的形状接近于矩形。此时,根据矩形面积的计算公式,矩形的长边长度为圆周长的一半,即 πr,短边长度为 r,因此矩形的面积 $S = \pi r^2$,即为圆的面积。

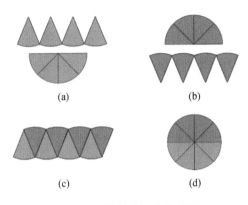

图 6 - 6　圆面积计算原理图

　　我国计算力学专家钟万勰院士发现割圆术实质上是插值法,多边形顶点在圆周上满足约束(类似插值点),符合现代有限元思想。割圆法求圆的面积从一个正多边形开始,该多边形内接于圆并计算其面积。随着多边形边数的增加,多边形的形状逐渐逼近圆,面积也逼近圆的面积。多边形的边数趋向于无穷大时,多边形的面积也会趋近于圆的面积。

6.3.2　拓广推理

　　拓广推理也是从特殊到一般的推理,其与归纳推理的不同之处在于,它从对象的一个特定集合进而考虑到包含这个集合的更大集合。比如,从三角形内角和公式进而考虑凸多边形的内角和公式,这种以变量取代常量的方法是拓广推理中常用的一种思维模式。拓广推理可以借助类比推理、假设推断等方法来进行。类比推理是通过找出不同事物之间的相似性,推断它们可能具有相似的特征或规律;假设推断则是基于某种猜想或假设,通过逻辑推演得出结论。拓广推理在科学研究和创新设计等多个领域中具有广泛的应用,通过对已知信息的深入分析和推断,以发现新的规律或结论。接下来用一个具体的例子进行阐释。

　　给出如下命题(柯西不等式):

$A_1 : (a_1 b_1 + a_2 b_2)^2 \leqslant (a_1^2 + a_2^2)(b_1^2 + b_2^2)$

$A_2 : \left(\sum\limits_{i=1}^{n} a_i b_i \right)^2 \leqslant \sum\limits_{i=1}^{n} a_i^2 \times \sum\limits_{i=1}^{n} b_i^2$

$A_3 : \left(\sum\limits_{i=1}^{\infty} a_i b_i \right)^2 \leqslant \sum\limits_{i=1}^{\infty} a_i^2 \times \sum\limits_{i=1}^{\infty} b_i^2$

$A_4 : \left(\int f(x) g(x) \mathrm{d}x \right)^2 \leqslant \left(\int f^2(x) \mathrm{d}x \right) \left(\int g^2(x) \mathrm{d}x \right)$

　　从 A_1 拓广到 A_2,是以 n 项替代两项;从 A_2 拓广到 A_3,是把有限拓广到无限;从 A_3 拓广到 A_4,是用函数取代级数,用积分取代求和。每一次拓广都是以更一般的形式取代特殊形式,每一步拓广都实现了一个命题形式的转变。

类似地,微积分中的拉格朗日中值定理可以看成罗尔定理的拓广。通过作辅助函数 $F(x) = f(a) - f(x) + \dfrac{f(b) - f(a)}{b - a}(x - a)$,就可以从罗尔定理推导出拉格朗日中值定理。这里我们探讨"数学分析中三个中值定理的统一",以更好地理解如何运用拓广推理方法。

首先给出作为基本定理的罗尔中值定理:

如果 R 上的函数 $f(x)$ 满足以下条件:

① 在闭区间 $[a,b]$ 上连续;

② 在开区间 (a,b) 内可导;

③ $f(a) = f(b)$,

则至少存在一点 $\xi \in (a,b)$,使得 $f'(\xi) = 0$。

拓广 1——拉格朗日中值定理

拉格朗日中值定理是微积分领域的重要定理之一,它描述了函数在闭区间内的平均变化率与某一点的导数之间的关系。该定理由法国数学家拉格朗日于 18 世纪提出。定理的具体描述和证明如下:

如果函数 $f(x)$ 在闭区间 $[a,b]$ 上连续,在开区间 (a,b) 内可导,那么在 (a,b) 内至少有一点 $\xi(a < b)$,使得 $f(b) - f(a) = f'(\xi)(b - a)$。

分析:欲证明 $f(b) - f(a) = f'(\xi)(b - a)$,即证 $f'(\xi) = \dfrac{f(b) - f(a)}{b - a}$ 或 $f'(\xi) - \dfrac{f(b) - f(a)}{b - a} = 0$,须证 $\left[f(x) - \dfrac{f(b) - f(a)}{b - a} x \right]'_{x = \xi} = 0$,从而只需证函数 $F(x) = f(x) - \dfrac{f(b) - f(a)}{b - a} x$ 满足罗尔定理即可。

证明 作辅助函数,其表达式为

$$F(x) = f(x) - \frac{f(b) - f(a)}{b - a} x \tag{6-19}$$

则 $F(x)$ 在闭区间 $[a,b]$ 上连续,开区间 (a,b) 内可导,且有

$$\begin{aligned} F(a) - F(b) &= \left[f(a) - \frac{f(b) - f(a)}{b - a} a \right] - \\ &\quad \left[f(b) - \frac{f(b) - f(a)}{b - a} b \right] = 0 \end{aligned} \tag{6-20}$$

即 $F(a) = F(b)$。由罗尔定理知,在 (a,b) 内至少存在一点 ξ,故令

$$F'(\xi) = f'(\xi) - \frac{f(b) - f(a)}{b - a} = 0$$

即 $f(b) - f(a) = f'(\xi)(b - a)$。证毕。

拓广 2——柯西中值定理

设函数 $f(x)$ 和 $g(x)$ 在区间 $[a,b]$ 上满足：

① $f(x)$ 和 $g(x)$ 在闭区间 $[a,b]$ 上连续；

② $f(x)$ 和 $g(x)$ 在开区间 (a,b) 内可导；

③ $g'(x)\neq 0$；

④ $g(a)\neq g(b)$，

则在开区间 (a,b) 内必定（至少）存在一点 ξ，使得

$$\frac{f'(\xi)}{g'(\xi)}=\frac{f(b)-f(a)}{g(b)-g(a)} \tag{6-21}$$

图 6-7 所示为柯西中值定理分析图。

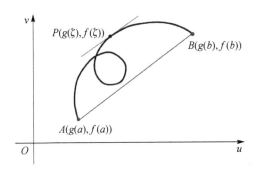

图 6-7 柯西中值定理分析图

证明 作辅助函数 $F(x)=[g(b)-g(a)]f(x)-[f(b)-f(a)]g(x)$。该函数在闭区间 $[a,b]$ 上连续，在开区间 (a,b) 内可导，且 $F(a)=F(b)$。依据罗尔定理，可以找到这样的点 $c\in(a,b)$，使得 $F'(c)=0$，即 $[g(b)-g(a)]f'(c)=[f(b)-f(a)]g'(c)$。

显然 $f'(c)\neq 0$，否则由于 $f(b)-f(a)\neq 0$，有 $g'(c)=0$。依据已知条件，$g'(x)\neq 0$，因此 $[f(b)-f(a)]f'(c)\neq 0$。$[g(b)-g(a)]f'(c)=[f(b)-f(a)]g'(c)$ 两边同除以 $[f(b)-f(a)]f'(c)$ 便得所证。

6.3.3 似然推理

似然推理是一种近似推理，在一个数学命题的思维初期，常会运用似然推理。似然推理的模式为：

• 若 A 很可能蕴含 B，如果 A 很可能真，则 B 也可能真；

• 若 A 很可能蕴含 B，A 真，则 B 很可能真。

以下通过一个具体的例子来进行阐释。

考虑下面两个命题：

A：$f(x) = \cos x$

B：$f(x)$ 是一个连续函数,满足 $f(x+y) + f(x-y) = 2f(x)f(y)$

显然,A 蕴含着 B。现在,我们需要探讨 B 是否蕴含 A。首先,猜测 B 蕴含 A,但很快发现 B 蕴含 A 一般不成立。例如,对于 $f(x) = 0$,它满足 B,然而并不满足 A。不难看出,对于余弦函数,有 $f(0) = 1$, $f\left(\dfrac{\pi}{2}\right) = 0$, $f(x)$ 在 $\left[0, \dfrac{\pi}{2}\right]$ 上递减,若在 B 中为函数 $f(x)$ 补充这些条件,便能证明 B 蕴含 A。

模糊逻辑推理是一种似然推理。模糊逻辑是研究模糊命题的逻辑,而模糊命题包含模糊概念或模糊性的句子。现将二值逻辑推理和模糊逻辑推理作比较分析。

二值逻辑(真假命题)推理示例如下:

大前提:如果 A 成立,则 B 成立。

　小前提:已知 A 成立。

　　结论:则 B 成立。

其中,A、B 都是清晰概念。

模糊推理(似然推理)示例如下:

大前提:腿长则跑步快。

　小前提:小王的腿很长。

　　结论:小王跑步很快。

通过对比,我们不难发现模糊推理有如下特点:

① 命题中有模糊概念:"腿长"和"跑步快"都是模糊概念。

② 推理过程有模糊性:小前提的模糊判断和大前提的条件不是严格相同的,结论不是从前提中严格地推出来的。

6.3.4　类比推理

类比推理是一种横向思维方法,它通过对两个类似系统的分析,由一个系统的性质猜测另外一个系统的性质。该推理始于对个别现象的观察,因此在某些方面与归纳推理相似。但它又不是从个别现象到一般规律,而是从一个特殊案例到另一个特殊案例,因此与归纳推理又有所区别。

类比推理分为完全类推和不完全类推两种形式。完全类推是两个或两类事物在进行比较时,所有的相关方面都保持一致;不完全类比则指在比较的过程中,仅部分方面存在差异。在类比推理中,关键在于找到两类对象之间的相似性,相似越多,得出的结论越可靠,相似性的数学模型越精确。然而,类比推理是一种或然性推理,如果前提中确定的共同属性很少,并且共同属性与推出的属性之间没有关系,则由这样的类比推出的结论可能就不够可靠。类比推断不仅是一种科学研究的方法,它在日常生活中和科学探索过程中,也作为一种解决问题、猜测答案和发现结论的思路。

1924 年法国物理学家德布罗意用光和实物作类比:既然光具有粒子性和波动性,他猜测具有粒子性的实物也具有波动性,并据此提出了与光波相同的实物粒子波的波长公式。

整数的运算可以类比到多项式的运算:

$$S_1 = \{n, \in \mathbf{N}\} \tag{6-22}$$

$$S_2 = \{a_0 + a_1 x + \cdots + a_n x^n, a_i \in \mathbf{R}, 1 \leqslant i \leqslant n\} \tag{6-23}$$

式中,S_1 为整数系统,S_2 为多项式系统。设 $f(x)$ 和 $g(x)$ 分别为

$$f(x) = a_0 + a_1 x + \cdots + a_n x^n \tag{6-24}$$

$$g(x) = b_0 + b_1 x + \cdots + b_n x^n \tag{6-25}$$

则多项式系统可以类比整数系统的运算性质,在加法与乘法上同样满足交换律与结合律,即

$$f(x) + g(x) = g(x) + f(x)$$
$$[f(x) + g(x)] + h(x) = f(x) + [g(x) + h(x)]$$
$$f(x)g(x) = g(x)f(x)$$
$$[f(x)g(x)]h(x) = f(x)[g(x)h(x)]$$
$$f(x)[g(x) + h(x)] = f(x)g(x) + f(x)h(x)$$

这就是类比推理的过程,由已知公式的运算可以联想到未知公式的运算。

【例题 6-7】　已知某射手的命中率为 p,第 k 次才射中的概率为 $p_k = pq^{k-1}$,其中 $q = 1 - p$,计算期望值 $E(p_k) = \sum\limits_{k=1}^{\infty} kpq^{k-1}$。

解　联想到等比数列的求和公式 $\sum\limits_{k=1}^{\infty} q^k = \dfrac{q}{1-q}$,通过类比推理的方法,作系统 S_1:等比级数求和 $\sum\limits_{k=1}^{\infty} q^k = \dfrac{q}{1-q}$,$S_2$:$\sum\limits_{k=1}^{\infty} kq^{k-1} = E(p_k)/p$。

观察 S_1 和 S_2 的左边可以发现,S_2 的每一项都是 S_1 相应项对 q 的导数,因此可以类比猜测,S_2 的右边应是 S_1 右边的导数。事实上,S_2 的左边是收敛级数,可以求和。对 S_1 两边求导,得到下式:

$$\left(\sum\limits_{k=1}^{\infty} q^k\right)' = \left(\frac{q}{1-q}\right)' = \frac{1}{(1-q)^2} = \sum\limits_{k=1}^{\infty} kq^{k-1} \tag{6-26}$$

所以满足下式:

$$E(p_k) = \sum\limits_{k=1}^{\infty} kpq^{k-1} = \frac{p}{(1-q)^2} = \frac{1}{p} \tag{6-27}$$

【例题 6-8】 对于任意正整数 a 和 b，证明 $\sum_{k=0}^{n} C_a^k C_b^{n-k} = C_{a+b}^n$。

证明 令 $a_n = C_\alpha^n$，$b_n = C_\beta^n$，$c_n = \sum_k C_\alpha^k C_\beta^{n-k}$，于是有 $c_n = \sum_{k=0}^{n} a_n b_{n-k}$。

由 $\{a_n\}$，$\{b_n\}$，$\{c_n\}$ 构造以下幂函数：

$$A(x) = \sum_{n=0}^{\infty} a_n x^n, \quad B(x) = \sum_{n=0}^{\infty} b_n x^n, \quad C(x) = \sum_{n=0}^{\infty} c_n x^n$$

对于两个多项式，不难看出下式成立：

$$A(x)B(x) = \left(\sum_{n=0}^{\infty} a_n x^n\right)\left(\sum_{n=0}^{\infty} b_n x^n\right) = \sum_{n=0}^{\infty} \left(\sum_{k=0}^{n} a_k b_{n-k}\right) x^n$$

$$= \sum_{n=0}^{\infty} c_n x^n = C(x) \tag{6-28}$$

由牛顿二项式定理得

$$A(x) = (1+x)^\alpha, \quad B(x) = (1+x)^\beta \tag{6-29}$$

对于 C_α^n，规定当 $n > \alpha$ 时，$C_\alpha^n = 0$，而

$$(1+x)^{\alpha+\beta} = (1+x)^\alpha (1+x)^\beta = \sum_{n=0}^{\infty} \left(\sum_{k=0}^{n} C_\alpha^n C_\beta^{n-k}\right) x^n$$

另一方面，直接由二项式定理得

$$(1+x)^{\alpha+\beta} = \sum_{n=0}^{\infty} C_{\alpha+\beta}^n x^n$$

比较 n 次项系数，即可得 $\sum_{k=0}^{n} C_\alpha^k C_\beta^{n-k} = C_{\alpha+\beta}^n$。这也是一个类比推理，利用多项式乘积运算类比到二项式定理展开的幂级数，然后通过比较法证出需要证明的等式。

6.3.5 逆向推理

逆向推理又称目标驱动推理，是问题解决策略的一种。其推理过程不断地对原命题进行否定，表现为一种逆向思维模式，旨在达到不断地修正和完善。与正向推理相反，逆向推理从结论出发，逐级验证该结论的正确性，直至与已知条件相吻合。其主要特点为将问题解决的目标分解成一系列子目标，直至这些子目标能够按逆推途径与给定条件建立直接联系或等同起来，即目标→子目标→子目标→现有条件。逆向推理不是传统意义上的纵向思维或横向思维，而是一种独特的扭转思维。反证法是逆向推理的一种特殊情况。

逆向推理的模式为：A 和 B 是不相容的，若 B 不真（假），则 A 更可靠。

在牛顿的时代，人们就已经认识到，处处可导的函数必定连续。然而，对于一个处处连续的函数是否处处可导呢？起初，普遍都持有肯定态度。但随后人

们发现,简单的函数 $f(x)=|x|$ 在原点处连续但不可导。这就是所谓可导一定连续,连续不一定可导。

研究下面两个命题:

A:$\sqrt{2}$ 是有理数

B:$\sqrt{2}$ 是无理数

针对命题 B,逆向推理,假设 $\sqrt{2}$ 是有理数,则 $\sqrt{2}=n/m$,其中 m 和 n 互质。不难看出,此时 $n^2=2m^2$,从而 n 为偶数,即 $n=2r$,则 $m^2=2r^2$,即 m 也为偶数。然而,这导致 m 和 n 有公因数 2,与假设矛盾。因此,B 的逆命题不成立,即 $\sqrt{2}$ 是无理数。

6.3.6　统计推理

统计推理是直接利用概率论的知识进行的一种定量的推理方式。具体来说,该方法通过总体分布的数量特征,即参数(如期望和方差)来反映。因此,统计推断涵盖对总体未知参数的估计、对参数假设的检验以及对总体的预测预报等。科学统计推断所使用的样本,通常通过随机抽样方法得到。统计推断的理论和方法论基础是概率论和数理统计学。一个事件的概率表示这个事件在一次试验中发生的可能性的大小。统计推理中遵循一条最基本的假定,即"小概率事件在一次试验中是不可能发生的",这是一条合乎情理的假定。数理统计中的假设检验是统计推理的典型例子,其详细理论和方法在"数理统计"课程中讲授。

在质量活动和管理实践中,人们关注的是特定产品的质量水平,如产品质量特性的平均值、不合格率等。这些质量指标的评估都需要从总体中抽取样本,并通过分析样本观察值来估计和推断,即根据样本数据来推断总体分布的未知参数。

【例题 6 - 9】　欧拉对自然数倒数平方和 $S=\sum\limits_{n=1}^{\infty}\dfrac{1}{n^2}$ 的研究,采用了类比推理的方法进行猜测,即 $S=\sum\limits_{n=1}^{\infty}\dfrac{1}{n^2}=\dfrac{\pi^2}{6}$。关于这个猜测是否可靠呢?

解　分别计算 S 和 $\pi^2/6$ 的值,并比较两者数值的有效数字的相合程度。通过计算可以得到,S 的近似值为 1.644 934,而 $\pi^2/6=1.644\ 934\ 06\cdots$,其中竟有 7 位有效数字相同,这种相合的概率只有 10^{-7}。在一次试验中发生了 10^{-7} 这样的小概率事件,这说明事件不是偶然的,从而支持了欧拉的猜测是合乎情理的。

【例题 6 - 10】　关于湖泊中存鱼量的估计问题。假设一个湖泊中有 n 条鱼。现在从该湖泊中捕捞出 1 000 条鱼,并将它们涂上红色标记后放回。经过一段时间,我们再次捕捞出 1 000 条鱼,其中发现 k 条是带有红色标记的鱼。根据直观经验,我们推断 k 值越大,湖中鱼类的总数 n 越小。现在,试从统计推理的角度加以证明。

证明 根据概率论的原理,从池塘中第 2 次捕捞出的 1 000 条鱼中,含有 k 条带红色标记的鱼的概率为

$$p_k(n) = \frac{C_{1\,000}^k C_{n-1\,000}^{1\,000-k}}{C_n^{1\,000}} \tag{6-30}$$

对式(6-30)取对数后,对数量 n 求偏导数,依据最大似然估计原理,满足概率值最大的 n 与 k 之间的关系近似为 $n \approx \dfrac{1\,000^2}{k}$。若 $k = 100$,则 $n = 10\,000$,此结果是一种合理的估计值。

在统计推断中,还有一类被称为泛化的问题,即预报问题。这类问题利用现有的数据,通过统计推理或其他方法建立模型,以预测未来事件的可能结果。天气预报就是典型的应用,通过对大量历史观测数据的收集、分析和解读,结合数学模型和算法,可以对未来某个时间段内的天气状况进行预测。

6.4 数学发现的一般思维过程

数学发现的思维过程是一个复杂的问题,每个人都有其独特思维方式。通常,数学论文大都是阐述发现的结果,而鲜少讨论发现过程本身。因此,在遇到具体问题时,需要我们综合运用所学知识,借助合情的推理来解决实践中归纳发现的问题。

数学发现的思维过程大致可划分为三个阶段:首先是经验和知识的搜集积累阶段(信息积累),其次是合情推理与灵感激发阶段(信息变换),最后是逻辑整理、证明或模型整理与检验(信息加工)。具体过程如图 6-8 所示。在日常的社会实践和科学实验过程中,我们不断遇到问题,为了解决这些问题而不断扩充知识、累积经验。同时,获取的新知识在社会实践和科学实验中得到检验。在扩充知识的过程中,根据遇到的问题表象,我们可能会激发某些感受,并根据过往经验产生一定的直觉,当知识积累到一定程度,或利用合情推理的方法,如归纳推理、拓广推理、类比推理、似然推理、逆向推理和统计推理等,我们逐渐接近问题的真相,通过合情推理得出结果;或在某个机遇出现时,头脑中生出灵感,使我们顿悟,从而提取出问题的初步假设,再利用数学工具进行逻辑证明或者数学建模,最终解决问题。这一过程将不断更新、迭代完善,解决问题的同时,也不断扩充我们的知识库。

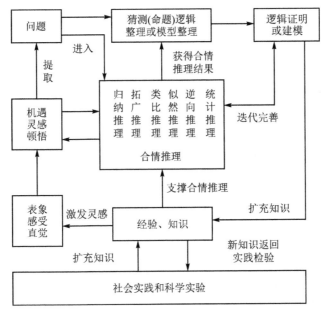

图 6-8　数学发现思维流程图

参考文献

[1] 袁作兴.领悟数学[M].长沙:中南大学出版社,2014.

[2] 乔治·波利亚.数学与猜想——合情推理模式[M].李心灿,等译.北京:科学出版社,2001.

[3] 杨世明、王雪芹.数学发现的艺术:数学探索中的合情推理[M].哈尔滨:哈尔滨工业大学出版社,2018.

[4] 程汉波,杨春波.从数学史角度谈三棱锥体积公式的证明[J].数学通讯,2012(12):59-61.

[5] 蒋志萍,汪文贤.数学思维方法[M].杭州:浙江大学出版社,2011.

[6] 孙娜.拉格朗日中值定理的证法研究[J].高等数学研究,2020,23(5):24-28.

[7] 黄德丽.用五种方法证明柯西中值定理[J].湖州师范学院学报,2003(S1):27-31.

习　　题

1. 判断下列命题是否会导致悖论并给出推理过程。

A:B 命题是真命题;

B：B 命题是假命题；

C：不是 C 命题导致悖论；

D：本题没有 D 命题。

2. 判断下列推理中哪些属于归纳推理。

A：前天天下雨，地湿了。昨天天下雨，地湿了。今天天下雨，地湿了。所以，如果明天天下雨，地也会湿。

B：黄瓜能进行光合作用，花生能进行光合作用，小麦能进行光合作用，水稻能进行光合作用。而所有这些东西都是绿色植物，所以，所有绿色植物都能够进行光合作用。

C：所有的鸟都不是哺乳动物。企鹅、麻雀、燕子、鸵鸟都是鸟，所以，所有的企鹅、麻雀、燕子、鸵鸟都不是哺乳动物。

D：如果天下雨，则地湿。地没有湿，所以天没有下雨。

3. 已知等差数列 $\{a_n\}$ 的公差为 d，前 n 项和为 S_n，且具有以下性质：

(1) $a_n = a_m + (n-m)d$；

(2) 若 $m+n=2p$，$m \in \mathbf{N}^*$，$n \in \mathbf{N}^*$，$p \in \mathbf{N}^*$，则有 $a_m + a_n = 2a_p$；

(3) S_n，$S_{2n} - S_n$，$S_{3n} - S_{2n}$ 构成等差数列。

基于上述等差数列的性质，类比在等比数列 $\{b_n\}$ 中，当公比为 q，前 n 项和为 S_n 时，所具有的性质。

4. 多边形数是可以排成正多边形的整数。古希腊毕达哥拉斯学派的数学家曾研究过各种多边形数，如三角形数 $1,3,6,10,\cdots$，第 n 个三角形数为 $\dfrac{n(n+1)}{2} = \dfrac{1}{2}n^2 + \dfrac{1}{2}n$。记第 n 个 k 边形数为 $N(n,k)(n \geqslant 3)$，以下列出了部分 k 边形数中第 n 个数的表达式：

三角形数 $N(n,3) = \dfrac{1}{2}n^2 + \dfrac{1}{2}n$；

正方形数 $N(n,4) = n^2$；

五边形数 $N(n,5) = \dfrac{3}{2}n^2 - \dfrac{1}{2}n$；

六边形数 $N(n,6) = 2n^2 - n$；

……

请根据归纳推理方法推测 $N(n,k)$ 的表达式，并计算 $N(10,24)$ 的值。